高职高专"十二五"规划教材

集散控制系统及现场总线技术应用

张金红　主编

张淑艳　郝红娟　副主编

李俊婷　主审

化学工业出版社

·北京·

本书吸收近几年有关系统开发和教学经验，基于工作过程的学习理念，践行教学做一体化原则，集系统性和实用性为一体。结合企业集散控制系统组态与维护岗位工作任务分析，与企业生产自动化实践专家共同研讨确定 DCS 组态、调试、维护典型工作任务。

本书以培养 DCS 技术应用能力为目标，以提炼的真实项目为教学内容，通过项目要求及任务分解实施重点讲述了浙大中控的 JX-300XP 系统组态及维护、西门子 S7-300 和 MM420 的 PROFIBUS-DP 现场总线通信组态与实现，通过任务的实施过程培养学生工程技术应用能力。

本书是高职高专院校自动化相关专业的教材，可供成人院校及工业生产现场中控岗位、自动化系统维护相关岗位一线的工程技术人员参考使用，也可作为自动化相关专业师生的参考教材。

图书在版编目（CIP）数据

集散控制系统及现场总线技术应用 / 张金红主编. —北京：化学工业出版社，2014.5（2022.2 重印）
高职高专"十二五"规划教材
ISBN 978-7-122-20311-3

Ⅰ. ①集…　Ⅱ. ①张…　Ⅲ. ①集散控制系统–高等职业教育–教材②总线–技术–高等职业教育–教材　Ⅳ. ①TP273②TP336

中国版本图书馆 CIP 数据核字（2014）第 070412 号

责任编辑：廉　静　　　　　　　　　　装帧设计：史利平
责任校对：吴　静

出版发行：化学工业出版社（北京市东城区青年湖南街 13 号　邮政编码 100011）
印　　装：天津盛通数码科技有限公司
787mm×1092mm　1/16　印张 10½　字数 257 千字　2022 年 2 月北京第 1 版第 3 次印刷

购书咨询：010-64518888　　　　　　　售后服务：010-64518899
网　　址：http: // www.cip.com.cn
凡购买本书，如有缺损质量问题，本社销售中心负责调换。

定　　价：26.00 元

前　言

工业自动化技术的迅猛发展，需要高素质技能型人才。根据自动化技术领域和职业岗位（群）的任职要求，参照控制系统维护工的职业资格标准，以培养自动化工程应用能力为目标，践行教学做一体化原则，对 DCS 课程体系和教学内容进行改革。

本书借鉴了基于工作过程的学习领域课程开发方法，在编写过程中，组织企业工人专家访谈会，充分了解企业现场对本课程相关知识和技能要求，从企业生产过程中提炼典型项目，结合高等职业教育实际情况，确定项目的任务分解与实施。本书对任务实施的具体步骤进行了详解，便于组织教学。

本书分为两个独立且完整的项目，项目 1：RTGK-2 型过控装置 JX-300XP 系统组态与维护，项目 2：通过现场总线控制 MM420。根据项目完成的过程，将项目 1 分解为 JX-300XP 系统组成、系统硬件结构配置、系统软件安装及授权设置、系统整体信息组态、系统控制站组态、操作标准画面组态、流程图画面组态、数据报表组态、监控运行和系统维护等是一个子任务，每个子任务间基于工作过程，环环相扣。项目 2 分解为 STEP7 项目的建立、S7-300 和 MM420 的 PROFIBUS-DP 通信、WinCC 监控项目组态和优化等任务。通过任务的实施过程培养学生工程技术应用能力。

本书由河北工业职业技术学院张金红担任主编，河北工业职业技术学院张淑艳、天津石油职业技术学院郝红娟任副主编。参加本书编写的还有河北工业职业技术学院王丽佳、高楠、河北钢铁集团石家庄钢铁有限责任公司韩伟、石家庄经济学院张艳红等。其中项目 1 的任务 1 由张淑艳编写、任务 2 由韩伟编写、任务 3 由王丽佳编写、任务 4 由高楠编写、任务 5 由张艳红编写，项目 2 的任务 3 和任务 4 由郝红娟编写，其余由张金红编写，全书由张金红统稿。由河北工业职业技术学院李俊婷担任主审。

在本书编写过程中，得到多位生产一线专家的指导与技术支持。在教材编写过程中特别得到了浙江中控技术股份有限公司华北项目部经理杨建波的大力支持和指导，在此表示衷心的感谢！

本书是高职高专院校自动化相关专业的教材，也可供成人院校及工业生产现场中控岗位、自动化系统维护相关岗位一线的工程技术人员参考使用。

由于时间仓促，编者水平有限，书中难免存在疏漏、不妥之处，敬请广大同仁和读者批评指正。

编　者
2014 年 4 月

目录 CONTENTS

JX-300XP 集散控制系统应用

【项目目标】

能陈述集散控制系统的系统结构，能理解集散控制系统与 PLC 控制系统的区别与联系。能与工艺人员沟通，根据生产工艺指标确认工艺控制点和控制方案，会填写 DCS 系统的 I/O 分配表，能识读并绘制带控制点的工艺流程图，会进行 DCS 系统组态，包括系统整体组态、控制站组态和操作站组态，能对 DCS 系统故障进行诊断和排除。

【项目简介】

能根据实际工艺过程控制对象，进行集散控制系统的工程项目设计基本操作，主要包括系统整体组态、控制站、操作站组态等，同时能够了解 DCS 系统的调试与维护操作。

本项目以 RTGK-2 型过程控制装置为对象，进行 DCS 监控系统的组态操作，过程装置介绍及组态具体任务要求如下。

1. RTGK-2 型系统简介

1.1 RTGK-2 实验对象的检测及执行装置包括：

检测装置 扩散硅压力液位传感器，分别用来检测上水箱、下水箱液位和小流量水泵的管道压力；电磁流量计、涡轮流量计分别用来检测小流量泵动力支路流量和单相格兰富水泵动力支路流量；Pt100 热电阻温度传感器分别用来检测锅炉内胆、锅炉夹套和对流换热器冷水出口、热水出口、纯滞后盘管出口水温；

执行装置 三相晶闸管移相调压装置用来调节三相电加热管的工作电压；电动调节阀调节管道出水量；变频器调节小流量泵。

1.2 系统动力支路分为两路组成：一路由单相丹麦格兰富循环水泵、电动调节阀、涡轮流量计、自锁紧不锈钢水管及手动切换阀组成；另一路由小流量水泵、变频调速器、小流量电磁流量计、自锁紧不锈钢水管及手动切换阀组成，如图 1.0.1 的系统结构图所示。图中的检测变送和执行元件有液位传感器、温度传感器、涡轮流量计、电磁流量计、压力表、电动调节阀、电磁阀等。

1.3 RTGK-2 型系统主要特点

① 被调参数囊括了流量、压力、液位、温度 4 大热工参数。

② 执行器中既有电动调节阀（或气动调节阀）、三相 SCR 移相调压等仪表类执行机构，又有变频器等电力拖动类执行器。

③ 调节系统除了有调节器的设定值阶跃扰动外，还有在对象中通过另一动力支路或电

磁阀和手操作阀制造各种扰动。

④ 一个被调参数可在不同动力源、不同的执行器、不同的工艺线路下演变成多种调节回路，以利于讨论、比较各种调节方案的优劣。

⑤ 某些检测信号、执行器在本对象中存在相互干扰，它们同时和工作时需对原独立调节系统的被调参数进行重新整定，还可对复杂调节系统比较优劣。

⑥ 各种控制算法和调节规律在开放的组态软件平台上都可以实现。

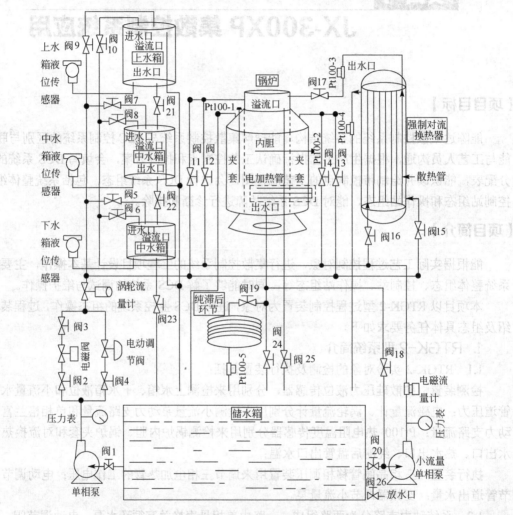

图 1.0.1　系统结构图

2. 组态要求

2.1　DCS 系统配置

① 控制系统由一个控制站、一个工程师站、两个操作员站组成。

② 控制站 IP 地址为 02，冗余配置。

③ 工程站地址为 130，操作员站地址为分别为 131、132。

2.2　操作小组配置

本系统按设备操作配置 3 个操作小组：水箱、锅炉、工程师。

2.3　用户管理

根据操作需要，建立角色列表、用户列表及各用户具有的功能权限如表 1.0.1 所示。

表 1.0.1 用户及用户具有的权限列表

角色列表	用户列表	用户密码	功 能 权 限	操作小组权限
特权	系统维护	111111	所有功能权限	所有操作小组
工程师	工程师	222222	启动选项设置、SCKey 中组态权限、监控运行状态下退出系统权限、在监控中查找位号的权限、监控中操作记录查看、监控中报警声音修改、报警画面屏蔽权限、SV 修改、MV 修改、阀位高低限修改，调节器正反作用设置、模入手工置值、回路控制方式切换、系统热键屏蔽设置	教师组、学生组
操作员	操作员	333333	在监控中查找位号的权限、监控中操作记录查看、监控中报警声音修改、报警画面屏蔽权限、SV 修改、MV 修改、阀位高低限修改，调节器正反作用设置、模入手工置值、回路控制方式切换 注意操作员不能具有的权限：启动选项设置、SCKey 中组态权限、监控运行状态下退出系统权限	学生组

2.4 监控操作要求

2.4.1 教师组

① 总貌画面要求有如表 1.0.2 所示内容。

表 1.0.2 教师组总貌画面要求列表

页码	页标题	内 容
1	索引画面	流程图中的"液位监控流程图"、分组画面中的"控制回路"一览画面中的"数据一览"
2	模拟信号	液位、温度、流量、压力等模拟参数

② 分组画面要求见表 1.0.3 所示。

表 1.0.3 教师组分组画面要求列表

页码	页标题	内 容
1	控制回路	LIC-101
2	液位参数	LI-101、LI-102、LI-103
3	温度参数	TI-101、TI-102、TI-103、TI-104
4	流量参数	FI-101

③ 趋势画面要求见表 1.0.4 所示。

表 1.0.4 教师组趋势画面要求列表

页码	页标题	内 容
1	流量	FI-101
2	液位	LI-101、LI-102、LI-103
3	温度	TI-101、TI-102、TI-103、TI-104

④ 一览画面要求见表 1.0.5 所示。

表 1.0.5 教师组一览画面要求列表

页码	页标题	内 容
1	数据一览	所有监控参数

⑤ 流程图画面要求见表 1.0.6 所示。

表 1.0.6　教师组流程图画面要求列表

页码	页标题	内　　容
1	液位监控流程图	水箱液位和锅炉液位流程图
2	流量监控流程图	流量参数监控流程图

⑥ 报表记录要求如下：

要求每 10min 记录一次数据，记录数据为 FI-101、LI-101、TI-101，每天 8 点钟产生一份报表并输出，报表中的数据记录到其真实值后面两位小数。

2.4.2　学生组监控

① 一览画面要求见表 1.0.7 所示。

表 1.0.7　学生组一览画面要求列表

页码	页标题	内　　容
1	数据一览	所有监控参数

② 流程图画面要求见表 1.0.8 所示。

表 1.0.8　学生组流程图画面要求列表

页码	页标题	内　　容
1	液位监控流程图	水箱液位和锅炉液位流程图

【项目分解】

任务 1　DCS 系统基本组成

通过的 DCS 系统基础知识的学习，充分理解 DCS 系统的设计思想、体系结构及在工业控制领域所起的作用。

任务 2　JX-300XP 系统组成

所有厂家 DCS 系统都有共同点，但不同厂家有各自的独特之处。结合本项目使用 JX-300XP 系统进行 DCS 组态，了解浙大中控 DCS 系统的结构体系。

任务 3　工艺流程分析和控制方案选择

对被控对象的检测仪表和执行机构进行选型、确定测点参数、确定对象的常规或复杂控制方案，进行常规控制方案或自定义控制方案设计。工艺流程分析和控制方案选择是系统组态的依据，只有在完成工艺流程分析和控制方案选择之后，才能动手进行系统的组态。

任务 4　系统硬件结构配置

依据项目规模确定 DCS 系统的硬件，包括工程师站、操作员站、现场控制站、通信网络等单元配置。

任务 5　系统软件安装

根据 PC 机不同的功能任务选择安装相应的系统软件包。

任务 6　系统整体信息组态

根据任务 4 中的"系统硬件结构配置"设置系统的控制站、操作站等相关参数，此部分内容在 SCKey 组态软件中完成。

任务 7　系统控制站组态

根据系统 I/O 测点清单、卡件清单、卡件布置图、控制方案列表，完成控制站、I/O 卡件及 I/O 点的组态。

任务 8　操作标准画面组态

根据项目监控要求，对标准画面进行组态，包括总貌画面、一览画面、分组画面、趋势画面 4 种操作画面组态。

任务 9　流程图画面组态

流程图是控制系统中最重要的监控操作界面类型之一，用于显示被控设备对象的整体工艺流程和工作状况，并可操作相关数据量。根据项目监控要求，进行流程图画面组态。

任务 10　数据报表组态

在工业控制系统中，报表是一种十分重要且常用的数据记录工具。它一般用来记录重要的系统数据和现场数据，以供工程技术人员进行系统状态检查或工艺分析。本任务根据项目要求，制作报表。

任务 11　监控运行和系统维护

本任务掌握系统的监控操作、系统常见故障及排除方法。

任务 1　DCS 系统基本组成

1.1　控制系统发展历程

控制系统其实从 20 世纪 40 年代就开始使用了，早期的现场基地式仪表和后期的集中盘装仪表控制构成了控制系统的前身。现在所说的控制系统，多指采用电脑或微处理器进行智能控制的系统，在控制系统的发展史上，称为第三代控制系统，以 DCS 为代表。从 70 年代开始应用以来，在冶金、电力、石油、化工、轻工等工业过程控制中获得迅猛的发展。从 90 年代开始，陆续出现了现场总线控制系统、基于 PC 的控制系统等。控制系统发展示意图如图 1.1.1 所示。

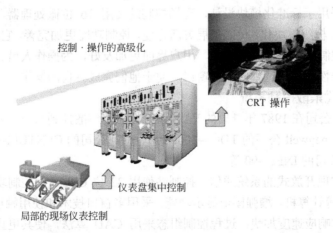

图 1.1.1　控制系统发展示意图

1.2　DCS 的发展历程

20 世纪 70 年代中期，由于设备大型化、工艺流程连续性要求高、要控制的工艺参数增多，而且条件苛刻，要求显示操作集中等，使已经普及的电动单元组合仪表不能完全满足要求。在此情况下，业内厂商经过市场调查，确定开发的 DCS 产品应以模拟量反馈控制为主，辅以开关量的顺序控制和模拟量开关量混合型的批量控制，它们可以覆盖炼油、石化、化工、冶金、电力、轻工及市政工程等大部分行业。

1975 年前后，在原来采用中小规模集成电路而形成的直接数字控制器(DDC)的自控和计算机技术的基础上，开发出了以集中显示操作、分散控制为特征的集散控制系统 (DCS)。由于当时计算机并不普及，所以开发 DCS 应强调用户可以不懂计算机就能使用 DCS；同时，开发 DCS 还应强调向用户提供整个系统。此外，开发的 DCS 应做到与中控室的常规仪表具有相同的技术条件，以保证可靠性、安全性。

在以后的近 30 年间，DCS 先与成套设备配套，而后逐步扩大到工艺装置改造上，与此同时，也分成大型 DCS 和中小型 DCS 两类产品，使其性能价格比更具有竞争力。DCS 产品虽然在原理上并没有多少突破，但由于技术的进步、外界环境变化和需求的改变，共出现了 4 代 DCS 产品。

1.2.1　第一代集散控制系统

1975 年美国 Honeywell 公司推出了 TDC—2000 集散控制系统，它是一个多处理器的分布式控制系统，克服了集中型控制系统的危险集中的致命弱点。

主要产品：美国的 Foxboro 公司的 Spectrum 系统，贝利公司的 N—90 系统，英国肯特公司的 P4000 系统，德国西门子公司的 Teleperm　M 系统，日本横河的 CENTUM 系统等。

系统组成：现场监测站、现场控制站、数据公路、CST 操作站、监控计算机等组成。

主要特点：监控站以 8 位微处理器为主，通信采用 DCS 制造商自己的通信协议。在技术上尚有明显的局限性。

1.2.2　第二代集散控制系统

主要产品：Honeywell 的 TDC—3000；横河的 CENTUM A、B、C；Tayor 公司的 MOD300；Bailey 公司的 NETWORK—90；西屋公司的 WDPF 等。

主要特点：采用了标准化模块设计，现场控制站使用 16 位微处理器，增强型操作站使用 32 位微处理器，板级模块化，使之扩展灵活方便，控制功能更加完善，它能实现数据采集、连续控制、顺序控制和批量控制等功能，用户界面更加友好，为操作人员、工程师和维护人员提供了一种综合性的面向过程的单一窗口，便于他们完成各自的操作。

1.2.3　第三代集散控制系统

美国 Foxboro 公司在 1987 年推出的 I/A S 系统标志着集散控制系统进入第三代。

主要产品：Honeywell 公司的 TDC—3000/PM、横河公司的 CENTUM—XL、Foxboro 公司的 I/S S、贝利公司的 INFI—90 等。

主要特点：实现开放式的系统通信；控制站使用 32 位 CPU，使控制功能更强；操作站也采用了 32 位高等计算机，增强图形显示功能，采用多窗口技术和使用触摸屏调出画面，使操作更简便，操作响应速度加快；过程控制组态采用 CAD 算法，使其更直观方便，并引入专家系统，实现自整定功能。

1.2.4　第四代集散控制系统

在 20 世纪 90 年代初，随着对控制和管理要求的不断提高，第四代集散控制系统以控管一体化的形式出现。

主要产品：Honeywell 公司的过程知识系统（Experion PKS），横河公司的 R3（PRM 工厂资源管理系统，ABB 公司 Industrial IT 系统等。

主要特点：在网络结构上增加了工厂信息网（intranet），并可与国际信息网（internet）连网。在软件上采用 UNIX 和 X—WINDOWS 的图形用户界面，系统的软件更丰富，在信息的管理、通信等方面提供了综合的解决方案。

1.3　DCS 系统的基本组成

集散控制系统一般由以下 4 部分组成，如图 1.1.2 所示。

1.3.1　现场控制级

又称数据采集装置，主要是将过程非控变量进行数据采集和预处理，而且对实时数据进一步加工处理，供 CRT 操作站显示和打印，从而实现开环监视，并将采集到的数据传输到监控计算机。输出装置在有上位机的情况下，能以开关量或者模拟量信号的方式，向终端元件输出计算机控制命令。

这一个级别直接面对现场，跟现场过程相连。比如阀门、电机、各类传感器、变送器、执行机构等。它们都是工业现场的基础设备、同样也是 DCS 的基础。在DCS 系统中，这一级别的功能就是服从上位机发来的命令，同时向上位机反馈执行的情况。拿军队来举例的话，可以形容为最底层的士兵。它们只要能准确地服从命令，并且准确地向上级汇报情况即完成使命。至于它与上位机交流，就是通过模拟信号或者现场总线的数字信号。由于模拟信号在传递的过程或多或少存在一些失真或者受到干扰，所以目前流行的是通过现场总线来进行DCS 信号的传递。

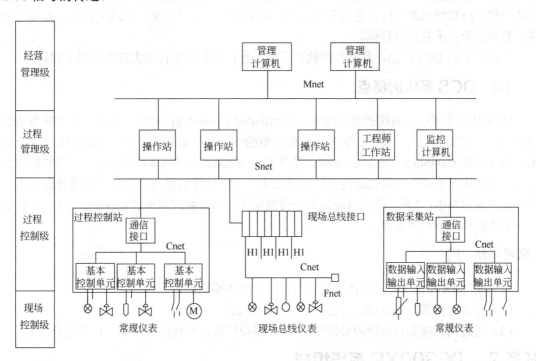

图 1.1.2　DCS 系统体系结构

1.3.2　过程控制级

又称现场控制单元或基本控制器，是 DCS 系统中的核心部分。生产工艺的调节都是靠它来实现。比如阀门的开闭调节、顺序控制、连续控制等。

如果说现场控制级是"士兵"，那么给它发号施令的就是过程控制级了。它接受现场控制级传来的信号，按照工艺要求进行控制规律运算，然后将结果作为控制信号发给现场控制级的设备。所以，过程控制级要具备聪明的大脑，能将"士兵"反馈的军情进行分析，然后做出命令，以使"士兵"能打赢"战争"。

这个级别不是最高的，相当于军队里的"中尉"。它也一样必须将现场的情况反馈给更高级别的"上校"也就是下面讲的过程管理级。

1.3.3 过程管理级

DCS 的人机接口装置，普遍配有高分辨率、大屏幕的彩色 CRT、操作者键盘、打印机、大容量存储器等。操作员通过操作站选择各种操作和监视生产情况。这个级别是操作人员跟 DCS 交换信息的平台。是 DCS 的核心显示、操作跟管理装置。操作人员通过操作站来监视和控制生产过程，可以通过屏幕了解到生产运行情况，了解每个过程变量的数字跟状态。这一级别在军队中算是很高的"上校"了。它所掌握的"大权"可以根据需要随时进行手动自动切换、修改设定值，调整控制信号、操纵现场设备，以实现对生产过程的控制。

1.3.4 经营管理级

又称上位机，功能强、速度快、容量大。通过专门的通信接口与高速数据通路相连，综合监视系统各单元，管理全系统的所有信息。这是全厂自动化系统的最高一层。只有大规模的集散控制系统才具备这一级。相当于军队中的"元帅"，他们所面向的使用者是厂长、经理、总工程师等行政管理或运行管理人员。它的权限很大，可以监视各部门的运行情况，利用历史数据和实时数据预测可能发生的各种情况，从企业全局利益出发，帮助企业管理人员进决策，帮助企业实现其计划目标。

不同厂家的 DCS 产品，其硬件和软件千差万别，但是基本构成大致都是以上四级。

1.4 DCS 系统的特点

DCS 是分布式控制系统的英文缩写（Distributed Control System），是以微处理器为基础的对生产进行集中监视、操作、管理和分散控制的综合性控制系统。它的主要基础是 4C 技术，即计算机 Computer、控制 Control、通信 Communication 和 CRT 显示技术。集散控制系统中"集"的意思是全部信息通过通信网络由上位管理计算机监控，实现了在线管理、操作和显示三方面集中；"散"的意思是将若干台微型计算机分散应用于过程控制，实现了功能、负荷和危险性三方面的分散。

【思考与练习】

（1）简述 DCS 系统的四级体系结构及各层次的主要功能。

（2）什么是集散控制系统，它的主要特点是什么？

（3）通过网络搜集目前国内外常用的 DCS 系统厂商，并找出各厂商的代表性产品。

任务 2 JX-300XP 系统组成

2.1 系统整体结构

JX-300XP 控制系统是浙江中控技术股份有限公司 SUPCON WebField 系列控制系统之

一。它吸收了近年来快速发展的通信技术、微电子技术，充分应用了最新信号处理技术、高速网络通信技术、可靠的软件平台和软件设计技术以及现场总线技术，采用了高性能的微处理器和成熟的先进控制算法，全面提高了控制系统的功能和性能，同时，它实现了多种总线兼容和异构系统综合集成，各种国内外 DCS、PLC 及现场智能设备都可以接入到 JX-300XP 控制系统中，使其成为一个全数字化、结构灵活、功能完善的开放式集散控制系统，能适应更广泛更复杂的应用要求。

JX-300XP 控制系统简化了工业自动化的体系结构，增强了过程控制的功能和效率，提高了工业自动化的整体性和稳定性，最终使企业节省了为工业自动化而做出的投资，真正体现了工业基础自动化的开放性精神，使自动化系统实现了网络化、智能化、数字化，突破了传统 DCS、PLC 等控制系统的概念和功能，也实现了企业内过程控制、设备管理的合理统一。

JX-300XP 控制系统应用范围已经涵盖化工、石化、冶金、电力等工业自动化行业。

JX-300XP 系统的整体结构如图 1.2.1 所示。

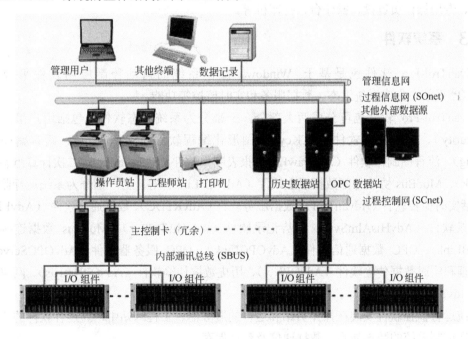

图 1.2.1 JX-300XP 系统的整体结构

由控制节点（控制节点是控制站、通信接口等的统称）、操作节点（操作节点是工程师站、操作员站、服务器站、数据管理站等的统称）及通信网络（管理信息网、过程信息网、过程控制网、I/O 总线）等构成。

2.2 系统硬件

DCS 的硬件系统主要由集中操作管理装置、分散过程控制装置和通信接口设备等组成。通过通信网络将这些硬件设备连接起来，共同实现数据采集、分散控制和集中监视、操作及管理等功能。

2.2.1 现场控制站组成

现场控制站是控制系统中 I/O 数据采样、信息交互、控制运算、逻辑控制的核心装置，完成整个工业过程的实时控制功能。通过软件设置和硬件的不同配置可构成不同功能的控制结构，如过程控制站、逻辑控制站、数据采集站。控制站的核心是主控制卡。主控制卡通过系统内高速数据网络——SBUS 总线扩充各种功能，实现现场信号的输入输出，同时完成过程控制中的数据采集、回路控制、顺序控制以及优化控制等各种控制算法。

控制站主要由机柜、机笼、供电单元、端子板和各类卡件（包括主控制卡、数据转发卡、通信接口部件和各种信号输入/输出卡）组成。

2.2.2 操作站组成

操作站是控制系统的人机接口站，是工程师站、操作员站、数据管理站和服务器站等站点的总称。可在软件安装时选择安装为何种站点，通过在运行状态对网络策略的选择决定该操作节点的工作性质和运行方式。

JX-300XP 系统操作员站的硬件基本组成，包括工控 PC 机、显示器、鼠标、键盘、SCnet Ⅱ网卡、专用操作员键盘、操作台、打印机等。

2.3 系统软件

AdvanTrol-Pro 软件包是基于 Windows 操作系统的自动控制应用软件平台，在 JX-300XP 系统中完成系统组态、数据服务和实时监控等功能。

AdvanTrol-Pro 软件包可分成两大部分，一部分为系统组态软件，包括用户组态软件（SCSecurity）、系统组态软件（SCKey）、图形化编程软件（SCControl）、语言编程软件（SCLang）、流程图制作软件（SCDrawEx）、报表制作软件（SCFormEx）、二次计算组态软件（SCTask）、ModBus 协议外部数据组态软件（AdvMBLink）等；另一部分为系统运行监控软件，包括实时监控软件（AdvanTrol）、数据服务软件（AdvRTDC）、数据通信软件（AdvLink）、报警记录软件（AdvHisAlmSvr）、趋势记录软件（AdvHisTrdSvr）、ModBus 数据连接软件（AdvMBLink）、OPC 数据通信软件（AdvOPCLink）、OPC 服务器软件（AdvOPCServer）、网络管理和实时数据传输软件（AdvOPNet）、历史数据传输软件（AdvOPNetHis）、网络文件传输（AdvFileTrans）等。

系统运行监控软件安装在操作员站和运行的服务器、工程师站中，通过各软件的相互配合，实现控制系统的数据显示、数据通信及数据保存。

2.4 通信网络

JX-300XP 系统采用成熟的计算机网络通信技术，构成高速的冗余数据传输网络，实现过程控制实时数据及历史数据的及时传送。

JX-300XP 系统通信网络共有四层，分别是管理信息网、过程信息网、过程控制网（SCnet Ⅱ网络）和 I/O 总线（SBUS 总线）。系统网络结构如图 1.2.2 所示。

由于集散控制系统中的通信网络担负着传递过程变量、控制命令、组态信息以及报警信息等任务，所以网络的结构形式、层次以及组成网络后所表现的灵活性、开放性、传输方式等方面的性能十分重要。

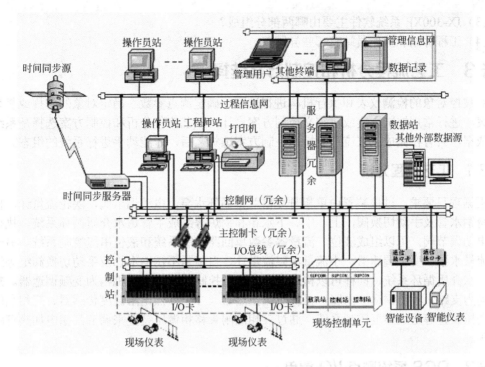

图 1.2.2　JX-300XP 系统网络结构图

2.4.1　管理信息网

信息管理网采用通用的以太网技术，用于工厂级的信息传送和管理，是实现全厂综合管理的信息通道。该网络通过服务器站获取系统运行中的过程参数和运行信息，同时也向下传送上层管理计算机的调度指令和生产指导信息。管理信息网采用大型网络数据库，实现信息共享，并可将各个装置的控制系统连入企业信息管理网，实现工厂级的综合管理、调度、统计、决策等。

2.4.2　过程信息网

过程信息网可采用 C/S 网络模式（对应 SupView 软件包）或对等 C/S 网络模式（对应 AdvanTrol-Pro 软件包）。在该过程信息网上可实现操作节点之间包括实时数据、实时报警、历史趋势、历史报警、操作日志等的实时数据通信和历史数据查询。

2.4.3　过程控制网（SCnet II 网）

JX-300XP 系统采用了高速冗余工业以太网 SCnet　II 作为其过程控制网络。它直接连接了系统的控制站和操作节点，是传送过程控制实时信息的通道，具有很高的实时性和可靠性，通过挂接服务器站，SCnet II 可以与上层的信息管理网、过程信息网及其他厂家设备连接。

2.4.4　I/O 总线（SBUS 总线）

SBUS 总线是控制站内部 I/O 控制总线，主控卡、数据转发卡、I/O 卡通过 SBUS 进行信息交换。

【思考与练习】

（1）JX-300XP 系统现场控制站的硬件主要由哪些部分组成？主要完成哪些功能？

（2）JX-300XP 系统操作站有几种站点类型？

（3）JX-300XP 系统软件主要由哪两部分组成？

（4）工程师站和操作员站有哪些异同？

任务 3 工艺流程分析和控制方案选择

对被控对象的检测仪表和执行机构进行选型、确定测点参数、确定对象的常规或复杂控制方案，进行常规控制方案或自定义控制方案设计。工艺流程分析和控制方案选择是系统组态的依据，只有在完成工艺流程分析和控制方案选择之后，才能动手进行系统的组态。

3.1 工艺流程分析

根据项目要求，过控装置由单相丹麦格兰富循环水泵，电动调节阀，涡轮流量计，自锁紧不锈钢水管及手动切换阀，上、中、下水箱和锅炉等组成主管道水介质循环系统，执行机构为电动调节阀，可以组成液位、流量等参数单回路控制系统和液位串级控制系统。另一路由小流量水泵、变频调速器、小流量电磁流量计、自锁紧不锈钢水管及手动切换阀组等组成次管道水介质循环系统，同样可以构成液位、流量控制系统，执行机构为变频调速器。热力系统动力支路、不锈钢锅炉内胆、强制对流换热器、Pt100 热电阻温度传感器、三相晶闸管移相调压装置等组成温度控制系统。通过三相晶闸管移相调压装置来调节三相电加热管的工作电压。

3.2 DCS 系统测点 I/O 清单

根据图 1.0.1 系统结构图中所示设备及工艺情况，本 DCS 系统要求被控测点情况如表1.3.1 所示。

表 1.3.1 被控对象测点列表

类型	序号	测点描述	测点位号	传感器规格
模入量	1	水箱进水流量变送	FIT-101	4～20mADC
	2	上水箱液位检测	LT-101	4～20mADC
	3	中水箱液位检测	LT-102	4～20mADC
	4.	下水箱液位检测	LT-103	4～20mADC
	5	锅炉液位检测	LT-104	4～20mADC
	6	锅炉温度检测	TE-101	RTD
	7	进水口温度检测	TE-102	RTD
	......	......	......	......
模出量	1	水箱进水电动调节阀	LV-101	4～20mADC
	2	变频器信号	LV-102	4～20mADC
	3	加热信号	TV-101	4～20mADC
	....			
合计				

注：表格仅做了部分填写，其他表格内容，根据实际被控设备完成。

3.3 检测仪表及执行机构选型

3.3.1 液位传感器

工作原理：当被测介质（液体）的压力作用于传感器时，压力传感器将压力信号转换成电信号，经归一化差分放大和输出 V/A 电压、电流转换器，转换成与被测介质（液体）的液位压力成线性对应关系的 4～20mA 标准电流输出信号。接线如图 1.3.1 所示。

接线说明：传感器为二线制接法，需外配电源。传感器输出 4～20mA 电流信号，通过负载电阻 250/50Ω 转换成电压信号。当负载电阻接 250Ω 时信号电压为 1～5V，当负载电阻切换成 50Ω 时信号电压为 0.2～1V。

零点和量程调整：零点和量程调整电位器位于中继箱内的另一侧。校正时打开中继箱盖，即可进行调整，左边的（Z）为调零电位器，右边的（R）为调增益电位器。

3.3.2 温度传感器

Pt100 热电阻。工作原理：Pt 电阻阻值与温度之间的良好线性关系。

接线说明：连接两端元件热电阻采用的是三线制接法，以减少测量误差，接线方法如图 1.3.2 所示。在多数测量中，热电阻远离测量电桥，因此与热电阻相连接的导线长，当环境温度变化时，连接导线的电阻值将有明显的变化。为了消除由于这种变化而产生的测量误差，采用三线制接法。即在两端元件的一端引出一条导线，另一端引出两条导线，这三条导线的材料、长度和粗细都相同，如图 1.3.2 所示的 a、b、c，它们与仪表输入电桥相连接时，导线 a 和 c 分别加在电桥相邻的两个桥臂上，导线 b 在桥路的输出电路上，因此，a 和 c 阻值的变化对电桥平衡的影响正好抵消，b 阻值的变化量对仪表输入阻抗影响可忽略不计。

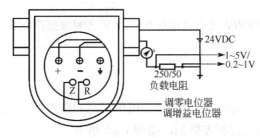
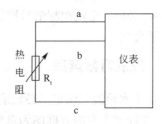

图 1.3.1　压力变送器　　　　　　　　图 1.3.2　压力变送

3.3.3 流量计（涡轮流量计、电磁流量计）

① 涡轮流量计

输出信号　频率；测量范围：0～0.6m³/h

接线如图 1.3.3 所示。

接线说明　传感器的 12V 供电电源需外配。

② 电磁流量计

输出信号　4～20mA；测量范围：0～0.4 m³/h。

接线说明　如图 1.3.4 所示，转换器为交流 220V 供电，X、Y 和 A、B、为传感器和转换器之间的连线。

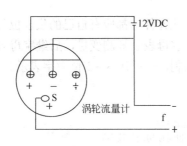
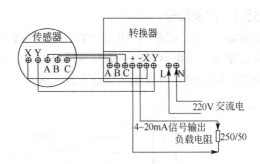

图 1.3.3　涡轮流量计　　　　　　　图 1.3.4　电磁流量计

③ 压力表

安装位置 单相泵之后，电动调节阀之前。

测量范围 0～0.25MPa

④ 电动调节阀

QSVP20-15N 智能电动单座调节阀

主要技术参数：

执行机构型式 智能型直行程执行机构

输入信号 0～10mA/4～20mA DC/0～5V DC/1～5V DC

输入阻抗 250/500 Ω

输出信号 4～20mA DC

输出最大负载 <500 Ω

信号断电时的阀位 可任意设置为保持/全开/全关/0～100%间的任意值

电源：220V±10%/50Hz

⑤ 电磁阀

24V 直流开关电源供电，电磁阀共两种状态：上电时电磁阀阀门开，掉电时阀门关。

⑥ 三相晶闸管移相调压

通过 4～20mA 电流控制信号控制三相 380V 交流电源在 0～380V 之间根据控制电流的大小实现连续变化。

3.4 控制方案选择

要维持上水箱液位恒定，必须采用闭合回路控制，此处采用单回路 PID 控制，回路名为 LIC-101，其控制方案的方框图为典型单回路控制方框图，如图 1.3.5 所示。

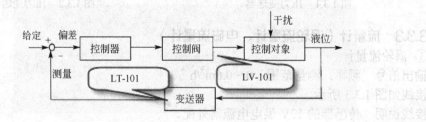

图 1.3.5 上水箱液位控制方案

3.5 带控制点的工艺流程图

3.5.1 仪表位号

在检测、控制系统中，构成一个回路的每个仪表（或元件）都应有自己的仪表位号。仪表位号由字母代号组合和回路编号两部分组成，第一位字母表示被测变量，后继字母表示仪表的功能。回路编号可按照装置或工段（区域）进行编制，一般用 3～5 位数字表示。

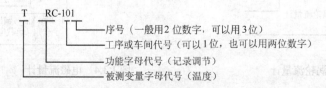

仪表位号按被测变量分类。同一装置（或工段）的相同被测变量的仪表位号中数字编号是连续的，但允许中间有空号；不同被测变量的仪表位号不能连续编号。如果同一个仪表回路有两个以上具有相同功能的仪表，可以在仪表位号后面附加尾缀（大写英文字母）加以区别。例如，PT-202A、PT-202B 表示同一回路里的两台变送器，PV-201A、PV-201B 表示同一回路里的两台控制阀。当一台仪表由两个或多个回路共用时，应标注各回路的仪表位号，例如一台双笔记录仪记录流量和压力时，仪表位号为 FR-121/PR-131，若记录两个回路的流量时，仪表位号应为 FR-101/FR-102 或 FR-101/102。

仪表位号的表示方法是：字母代号标在圆圈上半圈中，回路编号标在圆圈的下半圈中。集中仪表盘面安装仪表，圆圈中间有一横线，如图 1.3.6 左图所示。就地安装仪表圆圈中间没有一横，如图 1.3.6 中右图所示。

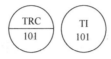

图 1.3.6　带控制点流程图上仪表位号的表示方法

3.5.2　文字代号

在带控制点的工艺流程图中，每个英文字符都有特点的含义，根据其规定的含义，可以直观获取现场更多的仪表信息。每个英文字符的具体含义见表 1.3.2。

根据表 1.3.2 规定，在判断仪表或控制系统功能时，还应注意以下几点：

① 同一字母在不同的位置有不同的含义或作用，处于首位时表示被测变量或初始变量；处于次位时作为首位的修饰，一般用小写字母；处于后继位时表示仪表的功能。

② 后继字母的确切含义，根据实际情况可作相应解释。如 "R" 可以解释为 "记录仪"、"记录" 或 "记录用"，"T" 可以理解为 "变送器"、"传送"、"传送的" 等

③ 字母 "H"、"M"、"L" 可表示被测变量的 "高"、"中"、"低" 值，一般标注在仪表的圆圈外。"H"、"L" 还可以表示阀门或其他通断设备的开关位置，"H" 表示全开或接近全开，"L" 表示全关或接近全关。

表 1.3.2　文字含义

字母	第一位字母		后继字母	字母	第一位字母		后继字母
	被控变量	修饰词	功能		被控变量	修饰词	功能
A	分析		报警	N	供选用		供选用
B	喷嘴火焰		供选用	O	供选用		节流孔
C	电导率		控制	P	压力、真空		实验点
D	密度	差		Q	数量	积算	积分、积算
E	电压		检测元件	R	放射性		记录、打印
F	流量	比		S	速度、频率	安全	开关或联锁
G	供选用		玻璃	T	温度		传递
H	手动			U	多变量		多功能
I	电流		指示	V	黏度		阀、挡板
J	功率	扫描		W	质量或力		套管
K	时间		手操器	X	未分类		未分类
L	物位		指示灯	Y	供选用		继动器
M	水分			Z	位置		驱动、执行

3.5.3 仪表图形符号

仪表图形符号用直径 12mm（10mm）的细实线圆圈表示。若仪表位号的字母或阿拉伯数字较多，圆圈内不能容纳时，可以断开。

3.5.4 带控制点的工艺流程图示例

图 1.3.7 为采用集散控制系统（DCS）进行控制的脱丙烷塔控制流程图的一个局部，图中带方框的集中盘面安装的控制点图标为计算机控制环节，表示正常情况下操作员可以监控；非集中盘面安装图标则中间没有横线，标识为计算机系统的检测、变换环节，表示正常情况下操作员不能监控。图 1.3.7 中部分字母含义如下：

FN——安全栅；

df/dt——流量变化率运算函数；

XAH——控制器输出高限报警；

XAL——控制器输出低限报警；

dx/dt——控制器输出变化率运算；

FY——I/P 电气转换器

TAH——温度高限报警；

FAH——流量报警；

LAH——液位高限报警；

LAL——液位低限报警；

LAHH——液体高限报警。

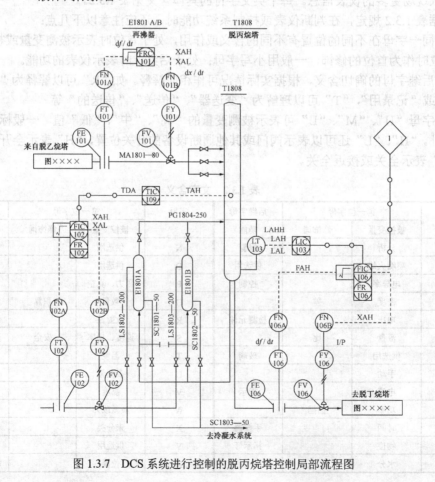

图 1.3.7　DCS 系统进行控制的脱丙烷塔控制局部流程图

【思考与练习】

控制系统组成时,要保证现场安全,现场采用的电动阀或启动阀都有气开/气闭性的选择,针对上水箱液位控制系统,图 1.3.8 是其系统示意图,假设工艺要求信号中断时液体不得外溢,调节阀应该采用气开阀还是气闭阀?

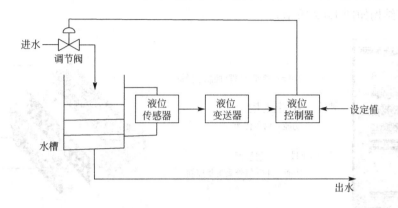

图 1.3.8　上水箱液位控制系统示意图

任务 4　系统硬件结构配置

依据项目规模确定 DCS 系统的硬件,包括工程师站、操作员站、现场控制站、通信网络等单元配置。

4.1　现场控制站

控制站主要由机柜、机笼、供电单元和各类卡件（包括主控制卡、数据转发卡和各种信号输入/输出卡）组成,其核心是主控制卡。主控制卡通常插在过程控制站最上部机笼内,通过系统内高速数据网络 SBUS 扩充各种功能,实现现场信号的输入输出,同时完成过程控制中的数据采集、回路控制、顺序控制以及包括优化控制等各种控制算法。控制站是系统中直接与现场打交道的 I/O 处理单元,完成整个工业过程的实时监控功能。通过软件设置和硬件的不同配置可构成不同功能的控制结构,如过程控制站、逻辑控制站、数据采集站。

控制站主要硬件:机柜、机笼、控制站卡件。主要部件及功能如图 1.4.1 所示。

4.1.1　机柜

机柜采用拼装结构,机柜最多可安装一个控制站的电源单元、4 个 I/O 单元（机笼）。由于机柜采用了拼装结构,可以通过拆卸各个机柜上的侧面板,形成互通的控制柜组,方便整个系统内部走线。

一个机柜的安装容量:1 个电源机笼、4 个 I/O 机笼、4 个电源模块和相关的端子板、2 个 Switch、1 个交流配电箱

4.1.2　机笼

机笼分为电源箱机笼和 I/O 机笼。

电源箱机笼　双路 AC 输入;冗余设计;单个电源模块 150W;5V DC/24V DC 输出;内置低通 AC 滤波器和因素校正;导轨式的插接方式安装。

1 个机柜可以安装 1 个电源机笼和 4 个 I/O 机笼。I/O 机笼主体由金属框架和母板组成。每个 I/O 机笼内有 20 个槽位用于固定卡件，每个槽位的具体分工不同，从左向右依次为冗余主控卡位、冗余数据转发卡位、0～15 号 I/O 卡位。同一控制站的各个机笼通过双重化串行通信总线 SBUS-S2 相连。

与 S7-400 的背板类似，集成了供电和信号连接总线。

I/O 机笼结构如图 1.4.2 所示。

大脑：　主控卡
　　　　功能：管理\处理\控制\计算…

神经：　数据转发卡
　　　　功能：信号传递

感官、四肢：　I/O 卡
　　　　功能：I/O 信号采集及控制

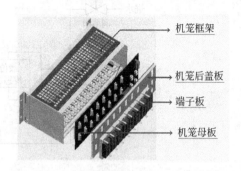

机笼框架

机笼后盖板

端子板

机笼母板

图 1.4.1　控制站主要部件及功能　　　　　图 1.4.2　I/O 机笼结构

母板为数据转发卡与 I/O 卡件间通信提供 SBUS-S1 级通信通道，对于主控制机笼而言，母板还提供主控制卡与数据转发卡间的 SBUS-S2 级的通信通道。母板上固定有欧式插座，通过欧式插座将机笼内的各个卡件在电气上连接起来。

母板为卡件提供工作所需的 5V、24V 直流电源。每个母板上焊接有 20 个欧式插座，与机笼内的 20 条导轨相对应。欧式插座的背面有一组接线端子，JX-300XP 型母版接线端子的排列形式为各卡件分列竖排。

电源机笼和 I/O 机笼放置电源和卡件后正视图如图 1.4.3 所示。

图 1.4.3　机柜内电源和卡件正视图

（1）系统电源

AC 配电如图 1.4.4 所示。

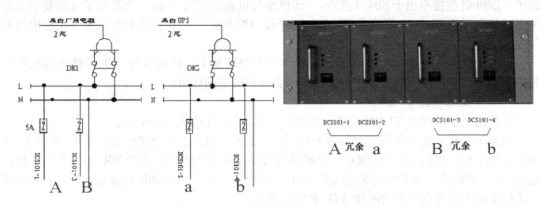

图 1.4.4 系统电源 AC 配电

电源模块 XP251 最大输出电流：5V 额定电流 5A ；24V 额定电流 6A；电源模块的正面/背面图如图 1.4.5 所示。

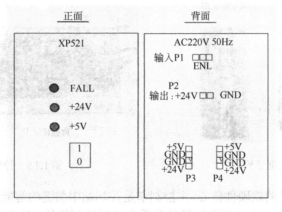

图 1.4.5 电源模块的正面/背面图

（2）系统电源-DC 配电

机笼背部连线示意图、机笼、电源连接示意图分别如图 1.4.6 和图 1.4.7 所示。

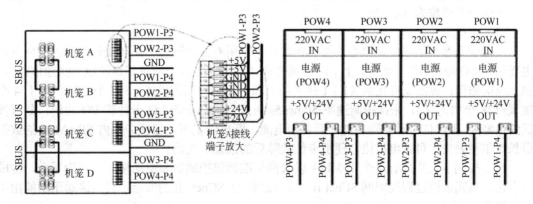

图 1.4.6 机笼背部连线示意图　　　　　图 1.4.7 机笼、电源连接示意图

XP211 是 JX-300XP 系统的机笼母板，提供 20 个卡件插槽：2 个主控卡插槽、2 个转发卡插槽和 16 个 I/O 卡插槽，以及 8 个系统扩展端子、4 个 DB9 针型插座和 1 个电源接线端子。DB9 针型插座用于 SBUS 互连，即机笼与机笼之间的互连；电源端子给机笼中所有的卡件提供 5V 和 24V 直流电源；I/O 端子接口配合可插拔端子把 I/O 信号引至相应的卡件上。

除以上功能之外，XP211 母板还提供主控卡与转发卡、转发卡与 I/O 卡件之间数据交换的物理通道，同时与机笼一起给卡件提供支撑和固定的作用。

（3）接线端子板

接线端子板功能与 S7-300 中的前连接器类似。端子板如图 1.4.8 所示。

机笼端子板分冗余和不冗余两种型号，根据 I/O 卡件是否冗余进行选择配置。XP520 为不冗余端子板，提供 32 个接线点，供相邻的两块 I/O 卡件使用。XP520R 为冗余端子板，提供 16 个接线点，供互为冗余的两块 I/O 卡件使用。对于 XP520R 冗余端子板，只需要接一次线即可为供互为冗余的两块 I/O 卡件提供信号。

4.1.3 控制站卡件

控制站卡件位于控制站的卡件机笼内，主要由主控制卡、数据转发卡和 I/O 卡（信号输入/输出卡）组成。如图 1.4.9 所示。

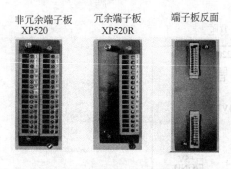

非冗余端子板　　冗余端子板　　端子板反面
XP520　　　　　XP520R

图 1.4.8　接线端子板

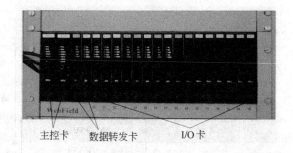

主控卡　　数据转发卡　　I/O 卡

图 1.4.9　控制站卡件

主控制卡是控制站的软硬件核心，主控制卡是控制站中关键的智能卡件，又叫 CPU 卡（或主机卡）。负责协调控制站内的所有软硬件关系和各项控制任务，如完成控制站中的 I/O 信号处理、控制计算、与上下网络通信控制处理、冗余诊断等功能。

数据转发卡槽位可配置互为冗余的两块数据转发卡。数据转发卡是每个机笼必配的卡件。如果数据转发卡按非冗余方式配置，则数据转发卡可插在这两个槽位的任何一个，空缺的一个槽位不可作为 I/O 槽位。

（1）主控卡

主控卡是系统的软硬件核心，协调控制站内部所有的软硬件关系和执行各项控制任务，主要包括 I/O 处理、控制运算、上下网络通信控 制、诊断。具有双重冗余的以太网通信接口，和上位机通信；灵活支持冗余（1∶1 热备用）和不冗余的工作模式；192 个控制回路（64 个常规+128 个自定义），采样控制速率 50ms~5s 可选。综合诊断 I/O 卡件和 I/O 通道，具有灵活的报警处 理和信号质量码功能；后备锂电池，断电情况下，保证卡件内 SRAM 中的数据最长 5 年不丢失；可带电插拔，便于卡件故障后的维修、更换。

在主控制卡上集成有两个 10Mbps 以太网标准通讯控制器和驱动接口，互为冗余，构成双重化、热冗余的过程控制网 SCnet II。控制站作为 SCnet II 的节点，其网络通讯功能由主控卡担当。

主控卡结构如图 1.4.10 所示。

图 1.4.10　主控卡结构

面板上具有 2 个互为冗余的 SCnet Ⅱ通讯口和 7 个 LED 状态指示灯。

① 主控卡状态灯

FAIL：故障报警或复位指示；

RUN：工作卡件运行指示（工作时闪，频率为 2 倍采样）；

WORK：工作/备用指示（工作卡亮，备用卡暗）；

STDBY：准备就绪指示，备用卡件运行指示（工作卡暗，备用卡闪，频率为 2 倍采样）；

LED-A：本卡件的通讯网络端口 0 的通讯状态指示；

LED-B：本卡件的通讯网络端口 1 的通讯状态指示；

SLAVE：Slave CPU 运行指示，包括网络通信和 I/O 采样运行指示；

PORT-A、PORT-B：冗余网络端口。

正常运行时 LED 灯的状态如表 1.4.1 所示。

表 1.4.1　主控卡正常运行时 LED 灯的状态

指示灯		名称	颜色	单卡上电启动	备用卡上电启动	正常运行	
						工作卡	备用卡
FAIL		故障报警或复位指示	红	亮→暗→闪一下→暗	亮→暗	暗（无故障情况下）	暗（无故障情况下）
RUN		运行指示	绿	暗→亮	与 STDBY 配合交替闪	闪（频率为采样周期的两倍）	暗
WORK		工作/备用指示	绿	亮	暗	亮	暗
STDBY		准备就绪	绿	亮→暗	与 RUN 配合交替闪（状态拷贝）	暗	闪（频率为采样周期的两倍）
通信	LED-A	0#网络通信指示	绿	暗	暗	闪	闪
	LED-B	1#网络通信指示	绿	暗	暗	闪	闪
SLAVE		I/O 采样运行状态	绿	暗	暗	闪	闪

② 一块主控卡的最大配置

AO 模出点数≤128/站；

AI 模入点数≤384（包括脉冲量）/站；

DI 开入点数≤1024/站；

DO 开出点数≤1024/站；

控制回路：192 个/站（其中 BSC、CSC 之和最大不超过 64 个）；

秒定时器 256 个，分定时器 256 个。

当 AI、AO 卡件进行冗余配置的时候，互为冗余的两点按一个点进行计算。

驱动能力：最多可带 8 个机笼，128 块 I/O 卡件。

③ 主控卡网络地址

主控制卡的网络码已经固化在了主控制卡中，无需用户设置。对主控制卡进行网络地址设置时，仅需设置 IP 地址。通过主控制卡上的一组拨号开关 SW1 可以对主控制卡的 IP 地址进行设置，如图 1.4.11 所示。

SW1 中的 S1 必须拨为 OFF，S1 为最高位。地址拨号 2-127。

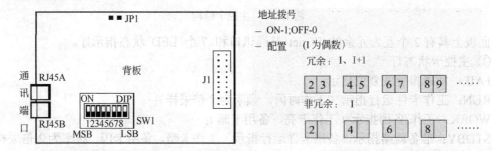

图 1.4.11　地址拨号

在设置主控制卡网络地址时应注意 3 点：

a．主控制卡的网络地址不可设置为 00#，01#。

b．如果主控制卡按非冗余方式配置，即单主控制卡工作，卡件的网络地址必须满足 2≤I<127（I 为卡件地址，且必须为偶数），而且 I+1 的地址被占用，不可作为其他节点地址用。如地址 02#，04#，06#。

c．如果主控制卡按冗余方式配置，两块互为冗余的主控制卡的网络地址必须满足 2≤I<127（I 为第一块主控制卡地址，I+1 为冗余主控制卡地址，I、I+1 连续，且 I 必须为偶数）。如地址 02# 与 03#，04# 与 05#。

网络码 128.128.1 和 128.128.2 代表两个互为冗余的网络。在主控制卡上表现为两个冗余的通信口。同一块主控卡享有相同的 IP 地址，不同的网络码。

主控卡网络地址设置表如表 1.4.2 所示。

表 1.4.2　主控卡网络地址设置表

地址选择 SW1							
2	3	4	5	6	7	8	地址
OFF	OFF	OFF	OFF	OFF	ON	OFF	02
OFF	OFF	OFF	OFF	OFF	ON	ON	03
OFF	OFF	OFF	OFF	ON	OFF	OFF	04
OFF	OFF	OFF	OFF	ON	OFF	ON	05
OFF	OFF	OFF	OFF	ON	ON	OFF	06
OFF	OFF	OFF	OFF	ON	ON	ON	07

| 地址选择 SW1 | | | | | | | |
2	3	4	5	6	7	8	地址
⋮							
⋮							
ON	ON	ON	ON	OFF	OFF	OFF	120
ON	ON	ON	ON	OFF	OFF	ON	121
ON	ON	ON	ON	OFF	ON	OFF	122
ON	ON	ON	ON	OFF	ON	ON	123
ON	ON	ON	ON	ON	OFF	OFF	124
ON	ON	ON	ON	ON	OFF	ON	125
ON	ON	ON	ON	ON	ON	OFF	126
ON	ON	ON	ON	ON	ON	ON	127

（2）数据转发卡

数据转发卡是每个机笼必配的卡件。数据转发卡槽位可配置互为冗余的两块数据转发卡。如果数据转发卡按非冗余方式配置，则数据转发卡可插在这两个槽位的任何一个，空缺的一个槽位不可作为 I/O 槽位。

数据转发卡是 I/O 机笼的核心单元，管理 I/O 卡件，驱动 SBUS 总线，连接主控卡和 I/O 卡件。

冷端温度采集（用于远程温度集中采集）负责整个 I/O 单元的冷端温度采集，冷端温度测量元件采用专用的电流环回路温度传感器，可以通过导线将冷端温度测量元件延伸到任意位置处（如现场的中间端子柜），节约热电偶补偿导线。冷端温度的测量也可以由相应的热电偶信号处理单元独自完成，即各个热电偶信号采集卡件都各自采样冷端温度，冷端温度测量元件安装在 I/O 单元接线端子的底部（不可延伸），此时补偿导线必须一直从现场延伸到 I/O 单元的接线端子处。

通过数据转发卡，一块主控制卡（XP243）可扩展 1 到 8 个 I/O 机笼，即可以扩展 1 到 128 块不同功能的 I/O 卡件。SBUS 的结构图如图 1.4.12 所示。

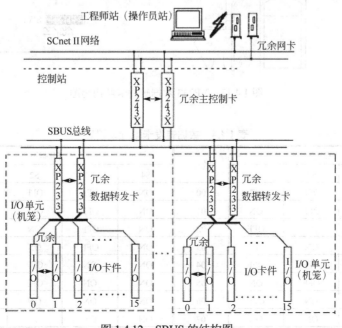

图 1.4.12　SBUS 的结构图

① XP233 面板指示灯

XP233 指示灯及状态如表 1.4.3 所示。

表 1.4.3　XP233 指示灯及状态

	FAIL 出错指示	RUN 运行指示	WORK 工作/备用指示	COM（与主控制卡通信时）	POWER 电源指示
颜色	红	绿	绿	绿	绿
正常	暗	亮	亮（工作）暗（备用）	闪（工作：快闪） 闪（备用：慢闪）	亮
故障	亮	暗	—	暗	暗

② 网络地址及跳线

XP233 卡件上共有 8 对跳线，其中 4 对跳线 S1～S4 采用二进制码计数方法读数，用于设置卡件在 SBUS 总线中的地址，S1 为低位（LSB），S4 为高位（MSB）。跳线用短路块插上为 ON，不插上为 OFF。XP233 结构图如图 1.4.13 所示，跳线 S1～S4 与地址的关系如表 1.4.4 所示。

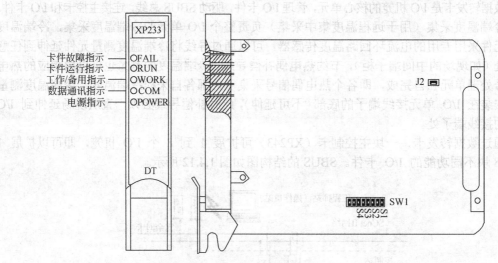

图 1.4.13　XP233 数据转发卡结构简图

表 1.4.4　数据转发卡地址设置表

地址选择跳线				地址	地址选择跳线				地址
S4	S3	S2	S1		S4	S3	S2	S1	
OFF	OFF	OFF	OFF	00	ON	OFF	OFF	OFF	08
OFF	OFF	OFF	ON	01	ON	OFF	OFF	ON	09
OFF	OFF	ON	OFF	02	ON	OFF	ON	OFF	10
OFF	OFF	ON	ON	03	ON	OFF	ON	ON	11
OFF	ON	OFF	OFF	04	ON	ON	OFF	OFF	12
OFF	ON	OFF	ON	05	ON	ON	OFF	ON	13
OFF	ON	ON	OFF	06	ON	ON	ON	OFF	14
OFF	ON	ON	ON	07	ON	ON	ON	ON	15

在设置数据转发卡的总线地址时应注意：

a. 按非冗余方式配置（即单卡工作时），XP233 卡件的地址必须满足 0≤I<15（I 为数据转发卡的 SBUS 总线地址，且必须为偶数），而且 I+1 的地址被占用，不可作为其他数据转发卡地址。在同一个控制站内，把 SP233 卡件配置为非冗余工作时，只能选择偶数地址号，即 0#、2#、4#……；

b. 数据转发卡冗余方式配置时，两块 XP233 卡件的 SBUS 地址必须满足 0≤I<15（I 为第一块数据转发卡的总线地址，I+1 为冗余数据转发卡的地址，I、I+1 连续，且 I 必须为偶数）。如 00#与 01#、02#与 03#。

XP233 地址在同一 SBUS 总线中，即同一控制站中统一编址，不能重复。

注意：SW1 拨位开关的 S5～S8 为系统保留资源，必须设置成 OFF 状态。

－ 跳线设置：短接–ON，不短接–OFF

• 冗余跳线 J2

采用冗余方式配置 XP233 卡件时，互为冗余的两块 XP233 卡件的 J2 跳线必须都用短路块插上（ON）（注：XP233 V2.0 去除了冗余跳线部分）。

③ XP233 自检项目

XP233 卡具有一系列的自检功能，并且可以通过 LED 指示部分故障情况。自检项目包括以下几种。

a. 上电时地址冲突检测　可检测冲突状况包括地址重复、处于同一机笼两块卡件地址设置不为冗余，和地址设置互为冗余的两块卡件不处于同一机笼。XP233 卡刚上电时，将首先判断自身所设地址与已插其他 XP233 卡地址是否冲突。卡件此时处于总线监听状态，COM 灯不亮。这个过程大约持续 4s 左右。在检测到无冲突后，XP233 卡将进入正常的 SBUS 通信状态，COM 灯闪烁。在检测到地址冲突时，XP233 卡的 FAIL 灯将以约为 3s 的周期均匀闪烁，并禁止其所有与 I/O 卡件的通信功能，以确保 I/O 信号不被错误传送，但仍保持 I/O 通道自检功能。在发现这种故障时，只要拔出故障卡件，按照操作规范重新设置地址后，即可将卡件重新投入使用。

b. I/O 通道自检功能　XP233 卡将以 1s 的周期定时对 16 个 I/O 通道进行巡检。可检测的通道故障包括通信线路短路和断路。当检测到故障时，XP233 卡的 FAIL 将保持长亮。具体发生故障的通道号可通过上位机监控软件查看。I/O 通道自检是 XP233 卡对卡件自身通信通道和通过母板扩展到 I/O 卡件的通信通道的自检，是一个综合状况的检测。因此当卡件显示通道故障时，应先拔出相应通道所连接的 I/O 卡件，看故障是否消除，如 XP233 卡显示故障仍然存在，可判断为 XP233 卡自身或母板故障。

c. SBUS 总线故障检测功能　该项检测功能必须在与主控制卡存在通信时实现。XP233 卡的 SBUS 通信采用的是双冗余口同发同收的工作方式。在检测到两个通信口工作均正常的情况下，XP233 卡将任选一通信口完成数据的接收。而当检测到某一通信口故障时，XP233 卡将自动选择工作正常的通信口接收，保证接收过程的连续，COM 灯闪烁状况不变。XP233 卡还将把其中一个通信口故障的信息传送给上位机显示。当两个通信口均发生故障时，COM 灯将停止闪烁，变暗。

（3）I/O 卡件

在每一机笼内，I/O 卡件均可按冗余或不冗余方式配置，数量在总量不大于 16 的条件下不受限制。

I/O 卡件从总体上分为开关量输入（Digital Input，DI）卡、开关量输出（Digital Output，DO）卡、模拟量输入（Analog Input，AI）卡、模拟量输出（Analog Output，AO）卡。

开关量输入卡的任务是把从被控对象检测到的开关量信号经过输入缓冲器，在接口的控制下送给计算机。它可以检测到过程的许多状态，如开关的通断情况、触点的闭合情况、设备的安全状态等。开关量输出卡的任务是把计算机输出的微弱开关信号转换成能对生产过程进行控制的驱动信号，传送给只有两种工作状态的执行机构或器件，用来实现如电动机的启停、电磁阀的开闭等控制功能。模拟量输入卡件是实现数据采集的关键，它的任务是把工业生产现场的检测变送器送来的时间连续模拟信号（如温度、压力、流量、液位等）转换成计算机能接受的开关量新信号，完成现场信号的采集与转换功能。模拟量输入卡件的核心是模拟量/数字量（Analog/Digital）转换器，简称模数转换器（A/D 转换器）。被采样的过程参数经运算处理后输出控制量，但计算机输出的是数字信号，必须转换成模拟的电压或电流信号，才能驱动相应的模拟执行机构。同时，计算机输出的控制量仅在程序执行的瞬时有效，无法被利用，模拟量输出卡件就是负责把瞬时输出的数字信号保存，并转换成能推动执行机构动作的模拟信号，以便可靠的完成对过程的控制作用。模拟量输出卡件的核心是数字量/模拟量（Digital/Analog）转换器，简称数模转换器（D/A 转换器）。

常用 I/O 卡件如表 1.4.5 所示。

表 1.4.5 常用 I/O 卡件

型　　号	卡件名称	性能及输入/输出点数
XP313	电流信号输入卡	6 路输入，可配电，分组隔离，可冗余
XP314	电压信号输入卡	6 路输入，分组隔离，可冗余
XP316	热电阻信号输入卡	4 路输入，分组隔离，可冗余
XP322	模拟信号输出卡	4 路输出，点点隔离，可冗余
XP361	电平型开关量输入卡	8 路输入，统一隔离
XP362	晶体管触点开关量输出卡	8 路输出，统一隔离
XP363	触点型开关量输入卡	8 路输入，统一隔离
XP000	空卡	I/O 槽位保护板

● 模拟量卡件冗余规则

－ 对于 I/O 卡件，其地址对应于卡件在机笼中的槽位号。如果互为冗余的两块 I/O 卡，其槽位地址必须满足 I，I+1，I 为偶数。

① XP313 电流信号输入卡

通道数量　6 通道；

隔离方式　组组隔离，前三、后三；

信号类型　Ⅱ型（0～10mA）Ⅲ型（4～20mA）电流；

配电方式　每路均可配电，24V。

XP313 卡的 6 路信号调理分为二组，其中 1、2、3 通道为第一组，4、5、6 通道为第二组，同一组内的信号调理采用同一个隔离电源供电，两组间的电源及信号互相隔离，并且都与控制站的电源隔离。

当卡件被拔出时，卡件与主控制卡通讯中断，系统监控软件显示此卡件通讯故障。

XP313 卡的每一路可分别接收Ⅱ型或Ⅲ型标准电流信号。当需 XP313 卡向变送器配电时可通过 DC／DC 对外提供 6 路+24V 的隔离电源，每一路都可以通过跳线选择是否需要配电功能。

　　注：建议同一组信号同时配置为配电或不配电使用。

- 断线检测　Ⅲ型信号具备，Ⅱ型信号不具备。
- 精度　±0.2%FS。
- 隔离电压　500V AC 1 min（现场侧与系统侧）。
- 250V AC 1 min（组组之间）。
- 冗余设置跳线（J2～J5）、配电设置跳线（JP1～JP6）。跳线设置如图 1.4.14 所示。

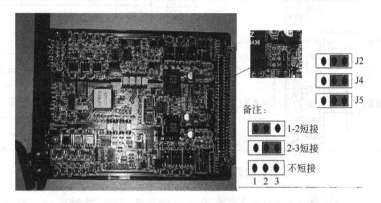

图 1.4.14　跳线设置

　　通过 DC／DC 对外提供 6 路+24V 的隔离电源，每一路都可以通过跳线选择是否需要配电功能。

　　冗余跳线见表 1.4.6 所示。

表 1.4.6　冗余跳线表

	J2	J4	J5
卡件单卡工作	1-2	1-2	1-2
卡件冗余配置	2-3	2-3	2-3

　　配电跳线见表 1.4.7 所示。

表 1.4.7　配电跳线表

	第一路	第二路	第三路	第四路	第五路	第六路
需要配电	JP1　1-2	JP2　1-2	JP3　1-2	JP4　1-2	JP5　1-2	JP6　1-2
不需配电	JP1　2-3	JP2　2-3	JP3　2-3	JP4　2-3	JP5　2-3	JP6　2-3

　　XP313 端子定义及接线图如图 1.4.15 所示。

　　② XP314　电压信号输入卡

通道数量　6 通道；

隔离方式　组组隔离；

信号类型　Ⅱ型（0～5V），Ⅲ型（1～5V）电压信号；

　　　　　　毫伏信号（0～100mV、0～20mV）；

　　　　　　TC 信号（B、E、J、K、S、T）；

冷端补偿　具有冷端温度补偿功能。

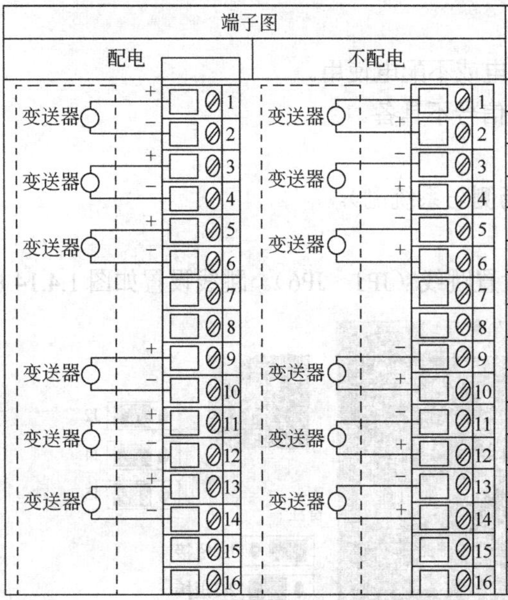

端子图			端子号	端子定义		备注
配电		不配电		配电	不配电	
变送器 + ⊘1 − ⊘2		变送器 + ⊘1 − ⊘2	1	CH1+	CH1−	第一通道
			2	CH1−	CH1+	
变送器 + ⊘3 − ⊘4		变送器 + ⊘3 − ⊘4	3	CH2+	CH2−	第二通道
			4	CH2−	CH2+	
变送器 + ⊘5 − ⊘6		变送器 + ⊘5 − ⊘6	5	CH3+	CH3−	第三通道
			6	CH3−	CH3+	
⊘7		⊘7	7	NC	NC	
⊘8		⊘8	8	NC	NC	
变送器 + ⊘9 − ⊘10		变送器 + ⊘9 − ⊘10	9	CH4+	CH4−	第四通道
			10	CH4−	CH4+	
变送器 + ⊘11 − ⊘12		变送器 + ⊘11 − ⊘12	11	CH5+	CH5−	第五通道
			12	CH5−	CH5+	
变送器 + ⊘13 − ⊘14		变送器 + ⊘13 − ⊘14	13	CH6+	CH6−	第六通道
			14	CH6−	CH6+	
⊘15		⊘15	15	NC	NC	
⊘16		⊘16	16	NC	NC	

图 1.4.15 XP313 端子定义及接线图

XP314 在采集热电偶信号时同时具有冷端温度采集功能,冷端为对一热敏电阻信号进行采集,采集范围为–50～+50℃之间的室温,冷端温度误差≤1℃。冷端温度的测量也可以由数据转发卡 XP233 完成,当组态中主控卡对冷端设置为"就地"时,主控卡使用 I/O 卡(XP314)采集的冷端温度并进行处理,即各个热电偶信号采集卡件都各自采样冷端温度,冷端温度测量元件安装在 I/O 单元接线端子的底部(不可延伸),此时补偿导线必须一直从现场延伸到 I/O 单元的接线端子处;当组态中主控卡对冷端设置为"远程"时,为数据转发卡 XP233 采集冷端,主控卡使用 XP233 卡采集的冷端温度并进行处理。

XP314 信号测量范围及精度如表 1.4.8 所示。

表 1.4.8 XP314 信号测量范围及精度

输入信号类型	测量范围	精度	其他
B 型热电偶	0～1800℃	±0.2%FS	
E 型热电偶	–200～900℃	±0.2%FS	
J 型热电偶	–40～750℃	±0.2%FS	
K 型热电偶	–200～1300℃	±0.2%FS	冷端补偿误差±1℃
S 型热电偶	200～1600℃	±0.2%FS	
T 型热电偶	–100～400℃	±0.2%FS	
毫伏	0～100mV	±0.2%FS	
毫伏	0～20mV	±0.2%FS	
标准电压	0～5V	±0.2%FS	
标准电压	1～5V	±0.2%FS	

XP314 端子定义及接线图如图 1.4.16 所示。

XP314 Ⅰ电压信号输入卡是一块智能型的、点点隔离的、带有模拟量信号调理的 6 路模拟信号采集卡,每一路可单独组态并接收各种型号的热电偶以及电压信号,将其调理后再转换成数字信号并通过数据转发卡送给主控制卡。

端子图	端子号	端子定义	备注
热电偶 + 1	1	CH1+	第一通道
热电偶 − 2	2	CH1−	
热电偶 + 3	3	CH2+	第二通道
热电偶 − 4	4	CH2−	
毫伏信号 + 5	5	CH3+	第三通道
毫伏信号 − 6	6	CH3−	
7	7	NC	
8	8	NC	
热电偶 + 9	9	CH4+	第四通道
热电偶 − 10	10	CH4−	
热电偶 + 11	11	CH5+	第五通道
热电偶 − 12	12	CH5−	
毫伏信号 + 13	13	CH6+	第六通道
毫伏信号 − 14	14	CH6−	
15	15	NC	
16	16	NC	

图 1.4.16 XP314 端子定义及接线图

XP314 指示灯及冗余设置跳线如图 1.4.17 所示。

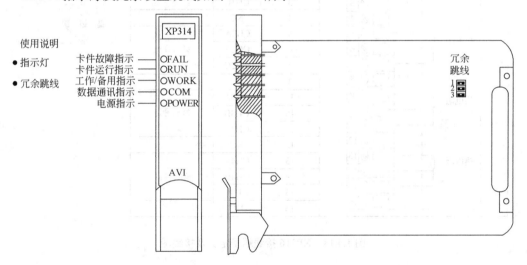

图 1.4.17 XP314 指示灯及冗余设置跳线

冗余跳线：1～2 单卡，2～3 冗余。

③ XP316 热电阻信号输入卡

通道数量　4 通道；

隔离方式　组组隔离；

信号类型　Pt100、Cu50。

热电阻信号输入卡是一块专用于测量热电阻信号的、组组隔离的、可冗余的 4 路 A/D 转换卡，每一路分别可接收 Pt100、Cu50 两种热电阻信号，将其调理后转换成数字信号送给主控制卡。

XP316 卡的 4 路信号调理分为两组，其中 1、2 通道为第一组，3、4 通道为第二组，同一组内的信号调理采用同一个隔离电源供电，两组之间的电源和信号互相隔离，并且都与控制站的电源隔离。卡件可单独工作，也能以冗余方式工作。热电阻信号可以并联方式接入互为冗余的两块 XP316 卡中，真正做到了从信号调理这一级开始的冗余。同时，卡件具有自诊断和与主控卡通讯的功能。

在采样、处理信号的同时，也在进行自检。如果卡件处于冗余状态，一旦工作卡自检到故障，立即将工作权让给备用卡，并且点亮故障灯报警，待处理。工作卡和备用卡同时对同一点信号都进行采样和处理，切换时无扰动。如果卡件为单卡工作，一旦自检到错误，卡件会点亮故障灯并报警。

用户可通过上位机对 XP316 卡进行组态，决定其对具体某种信号进行处理，并可随时在线更改，使用方便灵活。

具有断线检测功能；

冗余设置跳线 J2，1～2 单卡、2～3 冗余。

XP316 接线端子定义及接线图如图 1.4.18 所示。

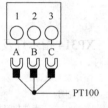

端子图	端子号	定义	备注
热电阻 1 2 3 4	1	CH1A	第一通道
	2	CH1B	
	3	CH1C	
	4	NC	
热电阻 5 6 7 8	5	CH2A	第二通道
	6	CH2B	
	7	CH2C	
	8	NC	
热电阻 9 10 11 12	9	CH3A	第三通道
	10	CH3B	
	11	CH3C	
	12	NC	
热电阻 13 14 15 16	13	CH4A	第四通道
	14	CH4B	
	15	CH4C	
	16	NC	

图 1.4.18　XP316 接线端子定义及接线图

目前热电阻的引线主要有 3 种方式。

a. 二线制。在热电阻的两端各连接一根导线来引出电阻信号的方式叫二线制：这种引线方法很简单，但由于连接导线必然存在引线电阻 r，r 大小与导线的材质和长度的因素有关，因此这种引线方式只适用于测量精度较低的场合。

b. 三线制。在热电阻的根部的一端连接一根引线，另一端连接两根引线的方式称为三线制，这种方式通常与电桥配套使用，可以较好的消除引线电阻的影响，是工业过程控制中的最常用的。

c. 四线制。在热电阻的根部两端各连接两根导线的方式称为四线制，其中两根引线为热电阻提供恒定电流 I，把 R 转换成电压信号 U，再通过另两根引线把 U 引至二次仪表。可见这种引线方式可完全消除引线的电阻影响，主要用于高精度的温度检测。热电阻采用三线制接法。采用三线制是为了消除连接导线电阻引起的测量误差。这是因为测量热电阻的电路一般是不平衡电桥。热电阻作为电桥的一个桥臂电阻，其连接导线（从热电阻到中控室）也成为桥臂电阻的一部分，这一部分电阻是未知的且随环境温度变化，造成测量误差。采用三线制，将导线一根接到电桥的电源端，其余两根分别接到热电阻所在的桥臂及与其相邻的桥臂上，这样消除了导线线路电阻带来的测量误差。

④ XP322 模拟信号输出卡

通道数量　4 通道；

隔离方式　点点隔离；

输出类型　Ⅱ型（0～10mA），Ⅲ型（4～20mA）电流。

XP322 模拟信号输出卡为 4 路点点隔离型电流（Ⅱ型或Ⅲ型）信号输出卡。作为带 CPU 的高精度智能化卡件，具有实时检测输出信号的功能，它允许主控制卡监控输出电流。

XP322 正面板及侧面跳线如图 1.4.19 所示。

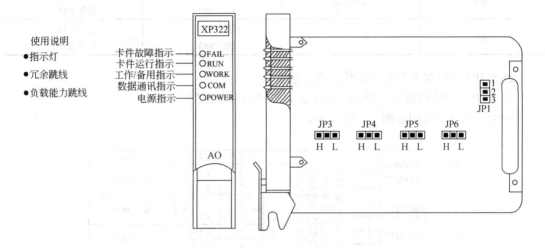

图 1.4.19　XP322 正面板及侧面跳线图

使用 XP322 卡时，对于有组态但没有使用的通道有如下要求：

a. 接上额定值以内的负载或者直接将正负端短接；

b. 组态为Ⅱ型信号时，设定其输出值为 0mA；组态为Ⅲ型信号时，设定其输出值为 20mA。

上述 a、b 两个要求在实际使用中视情况只需采用其中一种即可。对于没有组态的通道则无需满足上述要求。

XP322 卡件状态指示灯如表 1.4.9 所示。

表 1.4.9　XP322 卡件状态指示灯

LED 指示灯 状态＼意义	FAIL（红） 故障指示	RUN（绿） 运行指示	WORK（绿） 工作/备用	COM（绿） 通信指示	POWER（绿） 5V 电源指示
常灭	正常	不运行	备用	无通信	故障
常亮	自检故障	—	工作	组态错误	正常
闪烁	CPU 复位	正常	切换中	正常	—

XP322 冗余跳线和负载能力跳线如表 1.4.10 和表 1.4.11 所示。

表 1.4.10　XP322 冗余跳线

元件编号	跳 1-2	跳 2-3
JP1	单卡工作	冗余工作

表 1.4.11　XP322 负载能力跳线

元件编号	通道号	负载能力	
		LOW 挡	HIGH 挡
JP3	第 1 通道	II 型 1.5kΩ III 型 750Ω	II 型 2kΩ III 型 1kΩ
JP4	第 2 通道	II 型 1.5kΩ III 型 750Ω	II 型 2kΩ III 型 1kΩ
JP5	第 3 通道	II 型 1.5kΩ III 型 750Ω	II 型 2kΩ III 型 1kΩ
JP6	第 4 通道	II 型 1.5kΩ III 型 750Ω	II 型 2kΩ III 型 1kΩ

通过 JP1 可以对卡件的工作状态进行设置。

通过 JP3～JP6 可以分别对每个通道选择不同的带负载能力。

XP322 端子接线图如图 1.4.20 所示。

端子示意图		端子号	定义	备注
执行器 + 1 − 2		1	CH1+	第一通道
		2	CH1−	
执行器 + 3 − 4		3	CH2+	第二通道
		4	CH2−	
执行器 + 5 − 6		5	CH3+	第三通道
		6	CH3−	
执行器 + 7 − 8		7	CH4+	第四通道
		8	CH4−	
9		9	NC	
10		10	NC	
11		11	NC	
12		12	NC	
13		13	NC	
14		14	NC	
15		15	NC	
16		16	NC	

图 1.4.20　XP322 端子定义及接线图

XP322 正反输出信号特点：

4～20mA 信号

- 正输出：4～20mA 输出，10%开度，5.6mA
- 反输出：20～4mA 输出，10%开度，18.4mA

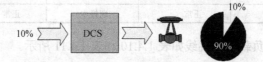

⑤ XP361 8 路数字信号输入卡

XP361 是 8 路数字信号输入卡，能够快速响应电平信号输入，采用光电隔离方式实现数字信号的准确采集。卡件具有自诊断功能（包括对数字量输入通道工作是否正常进行自检）。逻辑"0"输入阀值：0～5V；逻辑"1"输入阀值：12～54V。

XP361 电平型开关输入卡正面板指示灯及侧面跳线图如图 1.4.21 所示。

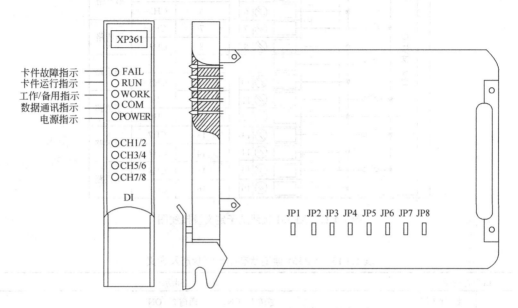

图 1.4.21　XP361 正面板指示灯及侧面跳线图

跳线设置：

通过 JP1、JP2、JP3、JP4、JP5、JP6、JP7、JP8 可以对电平信号的电压范围进行选择，跳线与通道的对应关系如表 1.4.12 所示。

表 1.4.12　跳线与通道的对应关系表

跳线	JP1	JP2	JP3	JP4	JP5	JP6	JP7	JP8
通道	1	2	3	4	5	6	7	8

JP1～JP8 跳线方法相同，通过不同跳线方法对电平信号的电压范围进行选择，其关系如图 1.4.22 所示。

图 1.4.22　跳线方法及对应选择的电压

XP361 接线端子定义及接线图如图 1.4.23 所示。

XP361 通道状态指示灯状态及含义如表 1.4.13 所示。

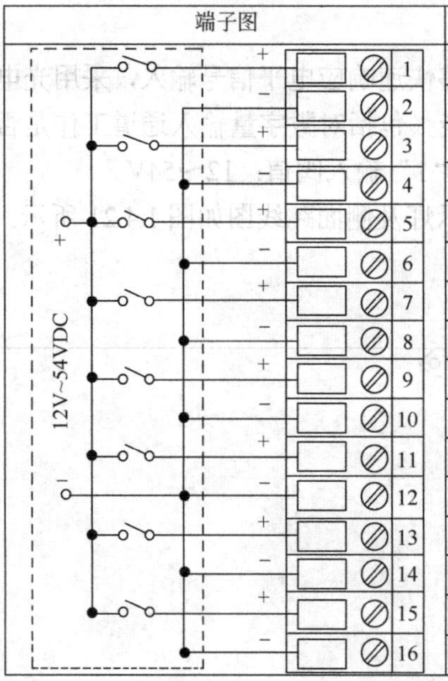

端子图		端子号	定义	备注
	1	1	CH1+	第一路
	2	2	CH1−	
	3	3	CH2+	第二路
	4	4	CH2−	
	5	5	CH3+	第三路
	6	6	CH3−	
	7	7	CH4+	第四路
	8	8	CH4−	
	9	9	CH5+	第五路
	10	10	CH5−	
	11	11	CH6+	第六路
	12	12	CH6−	
	13	13	CH7+	第七路
	14	14	CH7−	
	15	15	CH8+	第八路
	16	16	CH8−	

图 1.4.23　XP361 接线端子定义及接线图

表 1.4.13　XP361 通道状态指示灯状态及含义

LED 灯指示状态		通道状态指示	
CH 1/2	绿-红闪烁	通道 1：ON、	通道 2：ON
	绿	通道 1：ON、	通道 2：OFF
	红	通道 1：OFF、	通道 2：ON
	暗	通道 1：OFF、	通道 2：OFF
CH 3/4	绿-红闪烁	通道 3：ON、	通道 4：ON
	绿	通道 3：ON、	通道 4：OFF
	红	通道 3：OFF、	通道 4：ON
	暗	通道 3：OFF、	通道 4：OFF
CH 5/6	绿-红闪烁	通道 5：ON、	通道 6：ON
	绿	通道 5：ON、	通道 6：OFF
	红	通道 5：OFF、	通道 6：ON
	暗	通道 5：OFF、	通道 6：OFF
CH 7/8	绿-红闪烁	通道 7：ON、	通道 8：ON
	绿	通道 7：ON、	通道 8：OFF
	红	通道 7：OFF、	通道 8：ON
	暗	通道 7：OFF、	通道 8：OFF

⑥ XP362 无源晶体管开关量输出卡

XP362 是智能型 8 路无源晶体管开关触点输出卡，可通过中间继电器驱动电动执行装置。采用光电隔离，不提供中间继电器的工作电源；具有输出自检功能。

配电方式：卡件不提供 24V 电源，需外配。光电隔离，统一隔离。

XP362 面板指示灯状态及面板指示灯如图 1.4.24 所示。

LED 灯指示状态		通道状态指示	
CH 1/2	绿-红闪烁	通道 1：ON、	通道 2：ON
	绿	通道 1：ON、	通道 2：OFF
	红	通道 1：OFF、	通道 2：ON
	暗	通道 1：OFF、	通道 2：OFF
CH 3/4	绿-红闪烁	通道 3：ON、	通道 4：ON
	绿	通道 3：ON、	通道 4：OFF
	红	通道 3：OFF、	通道 4：ON
	暗	通道 3：OFF、	通道 4：OFF
CH 5/6	绿-红闪烁	通道 5：ON、	通道 6：ON
	绿	通道 5：ON、	通道 6：OFF
	红	通道 5：OFF、	通道 6：ON
	暗	通道 5：OFF、	通道 6：OFF
CH 7/8	绿-红闪烁	通道 7：ON、	通道 8：ON
	绿	通道 7：ON、	通道 8：OFF
	红	通道 7：OFF、	通道 8：ON
	暗	通道 7：OFF、	通道 8：OFF

图 1.4.24 XP362 面板指示灯状态及面板指示灯

XP362 端子接线定义及接线端子图如图 1.4.25 所示。

端子图	端子号	定义	备注
继电器 + 1	1	CH1+	第一路
继电器 − 2	2	CH1−	
继电器 + 3	3	CH2+	第二路
− 4	4	CH2−	
继电器 + 5	5	CH3+	第三路
− 6	6	CH3−	
继电器 + 7	7	CH4+	第四路
− 8	8	CH4−	
继电器 + 9	9	CH5+	第五路
− 10	10	CH5−	
继电器 + 11	11	CH6+	第六路
− 12	12	CH6−	
继电器 + 13	13	CH7+	第七路
− 14	14	CH7−	
继电器 + 15	15	CH8+	第八路
24VDC − 16	16	CH8−	

图 1.4.25 XP362 端子接线定义及接线端子图

4.2 操作站

操作站一般分为工程师站和操作员站两种类型。

4.2.1 工程师站

工程师站是为了控制工程师对 DCS 进行配置、组态、调试、维护所设置的工作站。工程师站的另一个作用是对各种设计文件进行归类和管理，形成各种设计、组态文件，如各种图样、表格等。

配置要求 工程师站一般由 PC 机配置一定数量的外部设备组成，例如打印机、绘图仪等。

4.2.2 操作员站

操作站是操作人员与 DCS 相互交换信息的人机接口设备，是 DCS 的核心显示、操作和管理装置。

配置要求 由一台具有较强图形处理功能的微型机，以及相应的外部设备组成，一般配有 CRT 或 LCD 显示器、大屏幕显示装置（选件）、打印机、键盘、鼠标等，开放型 DCS 采用个人计算机作为人机接口站。

主机配置 奔腾 IV（1.8G）以上；主机内存：≥512MB；显示适配器（显卡）：显存≥16MB，显示模式可设为 1280×1024（或 1024×768）；主机硬盘：推荐配置 80G 以上硬盘；以太网卡：3 块。

软件环境 操作系统：中文版 Windows2000 Professional+SP4 或 Windows XP+SP2；应用软件：AdvanTrol-Pro（V2.5+SP5 以上版本）软件包或是 SupView（V3.0 以上版本）软件包。JX-300XP 系统可从 AdvanTrol-Pro 软件包和 SupView 软件包中选择其一作为系统配置软件。

操作台分为立式操作台和平台式操作台，如图 1.4.26 所示。

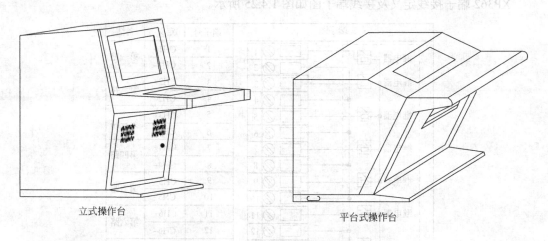

立式操作台　　　　　　　　　　　　　　平台式操作台

图 1.4.26　立式操作台和平台式操作台

操作员键盘 操作站配备专用的操作员键盘，如图 1.4.27 所示。操作员键盘的操作功能由实时监控软件支持，操作员通过专用键盘并配以鼠标，就可以实现所有实时监控操作任务。

操作员键盘共有 96 个按键，分为自定义键、功能键画面操作键、屏幕操作键、回路操作键、数字修改键、报警处理键及光标移动键等。

现代 DCS 操作站已采用了通用 PC 机系统，因此，无论是操作员键盘还是工程师键盘都可使用通用标准键盘。

4.3 通讯网络

JX-300XP 的通信系统对于不同结构层次分别采用了信息管理网、SCnet II 网络和 SBUS 总线。

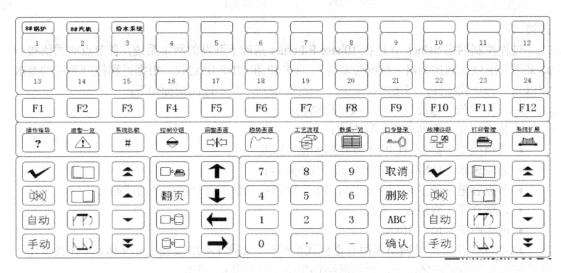

图 1.4.27　专用操作员键盘

4.3.1　信息管理网 Ethernet

信息管理网连接各个控制装置的网桥和企业各类管理计算机，用于工厂级的信息传送和管理，是实现全厂综合管理的信息通道。信息管理网通过在多功能站 MFS 上安装双重网络接口（信息管理和过程控制网络）转接的方法，获取集散控制系统中过程参数和系统运行信息，同时向下传送上层管理计算机的调度指令和生产指导信息。管理网采用大型网络数据库实现信息共享，并可将各种装置的控制系统连入企业信息管理网，实现工厂级的综合管理、调度、统计和决策等。

过程信息网（操作网）内可连接操作员站，工程师站，数据站，服务器站和时间同步服务器，统一称为操作站节点。过程信息网（操作网）上可以实现操作站节点间的实时数据通信和历史数据查询。

- 过程信息网（操作网）IP 地址格式为 128.128.5.×××。
- 其中 128.128.5 为网络码，主机码×××等于在控制网上的主机码。

信息管理网的基本特性：

- 拓扑规范　总线型（无根树）结构，或星形结构；
- 传输方式　曼彻斯特编码方式；
- 通信控制　符合 IEEE802.3 标准协议和 TCP/IP 标准协议；
- 通信速率　10Mbps、100Mbps、1Gbps 等；
- 网上站数　最大 1024 个；
- 通信介质　双绞线（星形连接）、光纤等；
- 通信距离　最大 10km。

4.3.2　过程控制网络 SCnet Ⅱ

JX-300XP 系统采用双高速冗余工业太网 SCnet Ⅱ作为其过程控制网络，直接连接系统的控制站、操作站、工程师站、通信接口单元等，是传送过程控制实时信息的通道，具有很高的实时性和可靠性。通过挂接网桥，SCnet Ⅱ可以与上层的信息管理网或其他厂家设备连接。

过程控制网络 SCnet Ⅱ是在 10base Ethernet 基础上开发的网络系统，各节点的通信接口均采用专用以太网控制器，数据传输遵循 TCP/IP 和 UDP/IP 协议。根据过程控制系统的要求和以太网的负载特性，网络规模受到了一定的限制，基本性能指标如下：

- 拓扑规范　总线型结构，或星形结构；
- 传输方式　曼彻斯特编码方式；
- 通信控制　符合 TCP/IP 和 IEEE802.3 标准协议；
- 通信速率　10Mbps、100Mbps、1Gbps 等；
- 节点容量　最多 63 个控制站，72 个操作站（含工程师站和多功能站）；
- 通信介质　双绞线、光缆；
- 通信距离　最大 10km。

JX-300XP SCnet Ⅱ网络采用双重化冗余结构，如图 1.4.28 及图 1.4.29 所示。在其中任一条通信线发生故障的情况下，通信网络仍保持正常的数据传输。

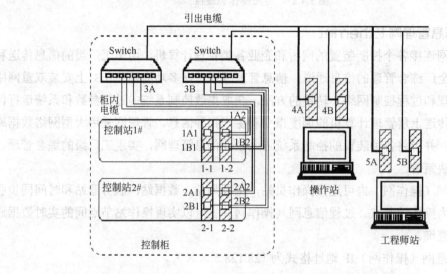

图 1.4.28　SCnet 网络

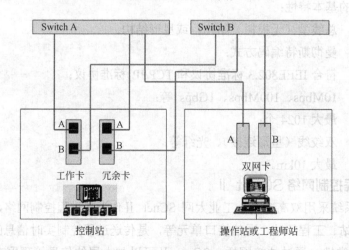

图 1.4.29　网络连接

SCnet Ⅱ的通信介质、网络控制器、驱动接口等均可冗余配置，在冗余配置的情况下，发送站点（源）对传输数据包（报文）进行时间标识，接收站点（目标）进行出错检验和信息通道故障判断、拥挤情况判断等处理；若校验结果正确，按时间顺序等方法择优获取冗余的两个数据包中的一个，而滤去重复和错误的数据包。而当某一条信息通道出现故障，另一条信息通道将负责整个系统通信任务，使通信仍然畅通。

对于数据传输，除专用控制器所具有的循环冗余校验、命令/响应超时检查、载波丢失检查、冲突检测及自动重发等功能外，应用层软件还提供路由控制、流量控制、差错控制、自动重发（对于物理层无法检测的数据丢失）、报文传输时间顺序检查等功能，保证了网络的响应特性，使响应时间小于 1 s。

在保证高速可靠传输过程数据的基础上，SCnet Ⅱ还具有完善的在线实时诊断、查错、纠错等功能。系统配有 SCnet Ⅱ网络诊断软件，内容覆盖了网络上每一个站点（操作站、数据服务器、工程师站、控制站、数据采集站等）、每个冗余端口（0#和 1#）、每个部件（HUB、网络控制器、传输介质等），网络各组成部分经诊断后的故障状态被实时显示在操作站上，以提醒用户及时维护。

（1）网络节点地址设置

A 网的网络号为 128.128.1；—控制站主控制卡在 A 网 IP 地址为 128.128.1.XXX；—操作站网卡在 A 网 IP 地址为：128.128.1.XXX。

B 网的网络号为 128.128.2；—控制站通讯卡在 B 网 IP 地址为 128.128.2.XXX；—操作站网络卡在 B 网 IP 地址为 128.128.2.XXX。

其中，最后字节"XXX"在控制站中由主控制卡拨码开关决定；在操作站（工程师站）中由软件设定。

网络操作站地址设置：操作站网卡是采用带内置式 10BaseT 收发器（提供 RJ45 接口）的以太网接口。它既是 SCnet Ⅱ通信网与上位操作站的通信接口，又是 SCnet Ⅱ网的节点（两块互为冗余的网卡为一个节点），完成操作站与 SCnet Ⅱ通信网的连接。SCnet Ⅱ中的网卡地址设置通过 Windows 操作软件实现，地址设置的具体操作步骤如下：

● 参照 Windows 帮助，安装好 TCP/IP 协议；

● 双击网卡对应的"Internet 协议（TCP/IP）"项，在其"常规"属性中选择"使用下面的 IP 地址（S）"；

● 在"IP 地址（I）"中输入：128.128.X.XXX；

● 在"子网掩码（U）"中输入：255.255.255.0；

● IP 地址中"128.128.X.XXX"中，"128.128.X"为网卡地址的网络码，"XXX"为 IP 地址。参考地址设置如图 1.4.30 所示。

（2）操作站地址约定

SCnet Ⅱ网络中最多有 72 个操作站，对 TCP/IP 协议地址采用如表 1.4.14 系统约定。

网络码 128.128.1 和 128.128.2 代表两个互为冗余的网络。在操作站中表现为两块网卡，每块网卡所代表的网络号由 IP 地址设置决定。

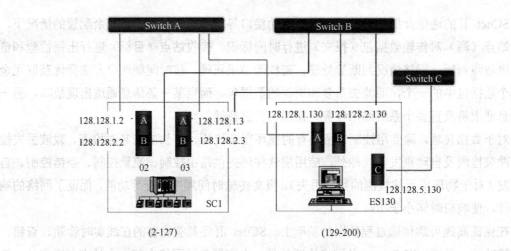

图 1.4.30 地址设置

表 1.4.14 SCnet Ⅱ 操作站地址约定

类　别	地址范围		备　注
	网络码	IP 地址	
操作站地址	128.128.1	129～200	每个操作站包括两块互为冗余的网卡。两块网卡享用同一个 IP 地址,但应设置不同的网络码
	128.128.2	129～200	

（3）交换机（Switch）

Switch 的工作方式不同于传统的 HUB（共享型 HUB）。传统的集线器是一种广播模式,也就是说集线器的某个端口工作的时候,其他所有端口都能够收听到信息,容易产生广播风暴,并且每一个时刻只有一个端口发送数据。而交换机工作的时候,只有发出请求的端口和目的端口之间相互响应而不影响其他端口,因此交换机就能够隔离冲突域和有效地抑制广播风暴的产生,能给整个网络的通信提供更大的带宽。另外,当前很多交换机上也集成有光电扩展模块,方便搭建应用光纤进行通讯的网络。

（4）SBUS 总线

SBUS 总线是控制站内部 I/O 控制总线,主控卡、数据转发卡、I/O 卡通过 SBUS 进行信息交换。

SBUS 总线分为两层:

第一层为双重化总线 SBUS-S2。SBUS-S2 总线是系统的现场总线,物理上位于控制站所管辖的 I/O 机笼之间,连接了主控卡和数据转发卡,用于主控卡与数据转发卡间的信息交换;

第二层为 SBUS-S1 网络。物理上位于各 I/O 机笼内,连接了数据转发卡和各块 I/O 卡件,用于数据转发卡与各块 I/O 卡件间的信息交换。

SBUS-S1 和 SBUS-S2 合起来称为 SBUS 总线,主控卡通过它们来管理分散于各个机笼内的 I/O 卡件。SBUS-S2 级和 SBUS-S1 级之间为数据存储转发关系,按 SBUS 总线的 S2 级和 S1 级进行分层寻址。控制站 SBUS 结构示意图如图 1.4.31 所示。

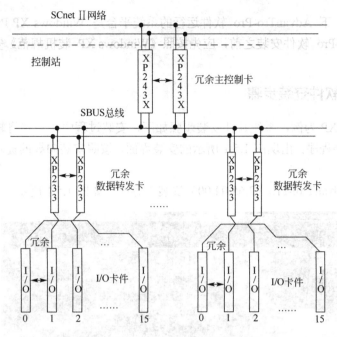

图 1.4.31　控制站 SBUS 结构示意图

【思考与练习】

（1）简述现场控制站主要硬件及其功能。

（2）在 JX-300XP 系统中硬件中相当于人的大脑功能的卡件是什么？相当于人的神经功能的卡件是什么？控制现场执行阀开度的信号来自于 DCS 系统的哪些卡件？

（3）主控卡网络地址设置应注意什么？

（4）数据转发卡网络地址设置应注意什么？

（5）一块 XP313 卡可以测量几路信号？信号类型是什么？

（6）一块 XP314 卡可以测量几个信号？信号类型是什么？

（7）XP322 输出的是什么信号？

（8）开关量卡是几通道的卡件？

（9）XP362 带继电器，是否需外配电源？

（10）根据工艺要求，某泵的运行状态要在监控界面上显示，请您选择卡件型号，并画出接线示意图。延伸思考：若某泵启停要求实现本地/集中两种控制方式，请考虑如何实现？

任务 5　系统软件安装

根据 PC 机不同的功能任务选择安装相应的系统软件包，如工程师站、操作员站、数据采集站等。

5.1　软件安装运行环境

Windows 2000 下 AdvanTro-Pro 软件运行的系统平台是 Windows 2000 Professional+SP4，在执行 AdvanTro-Pro 软件安装之前，应先按照《Windows 2000 装机规范》安装 Windows 2000 操作系统。

Windows XP 下 AdvanTro-Pro 软件运行的系统平台是 Windows XP Professional+SP2，在执行 AdvanTro-Pro 软件安装之前，应先按照《Windows XP 装机规范》安装 Windows XP 操作系统。

5.2 系统软件安装步骤

以 Windows XP 为例，系统软件安装步骤如下，安装过程中，只需将软件的安装光盘插入光驱，运行安装程序，出现图 1.5.1 所示的安装界面。按照安装向导的提示，一步一步进行安装。

① 进入"AdvanTrol-Pro（2.65.04.00）安装"界面，如图 1.5.1 所示。

图 1.5.1 "AdvanTrol-Pro（2.65.04.00）安装"界面

② 点击"下一步（N）"，进入"许可证协议"的选择界面，如图 1.5.2 所示。

图 1.5.2 "许可证协议"的选择界面

③ 点击"是（Y）"，进入"客户信息"安装界面，输入客户信息，如图 1.5.3 所示。

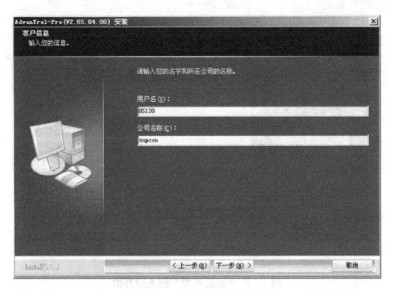

图 1.5.3 "客户信息"安装界面

④ 点击"下一步（N）"，进入 AdvanTrol-Pro（V2.65）路径的选择，如图 1.5.4 所示。

图 1.5.4 AdvanTrol-Pro（V2.65）路径的选择界面

⑤ 在图 1.5.4 中选择安装的路径后，点击"下一步（N）"，进入"安装类型"的选择界面，如图 1.5.5 所示。

在"安装类型"中，有操作站安装、工程师站安装、数据站安装和完全安装 4 个选项。安装时，可根据需要安装相应的类型：

● 操作站安装 安装操作站组件，包括库文件、AdvanTrol 实时监控软件、用户授权管理软件，这种安装方式下，操作人员无法进行组态操作；

● 工程师站安装 安装工程师站组件，包括库文件、AdvanTrol 实时监控软件、SCKey 组态软件、SCForm 报表制作软件、SCX 语言编程软件、SCControl 图形编程软件、SCDraw 流程图制作软件、二次计算软件、用户授权管理软件、数据提取软件；

图 1.5.5 "安装类型"的选择界面

- 数据站安装　包括数据采集组件、报警、操作记录服务器和趋势服务器。
- 完全安装　将安装所有组件。

⑥ 选择"工程师站安装"，点击"下一步（N）"，进入"复制文件"的界面，如图 1.5.6 所示。

图 1.5.6 "复制文件"的界面

⑦ 复制文件完成后，弹出 OPC Data Access 2.0 Components 的安装界面，如图 1.5.7 所示。

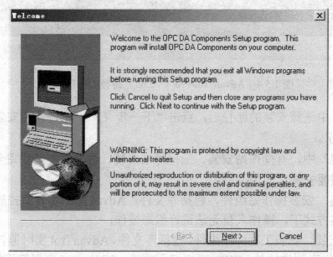

图 1.5.7 OPC Data Access 2.0 Components 的安装界面 1

⑧ 点击"Next>"按钮，执行文件的拷贝，如图 1.5.8 所示。

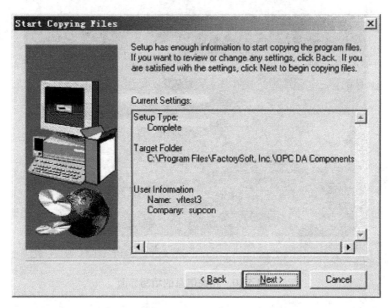

图 1.5.8 OPC Data Access 2.0 Components 的安装界面 2

⑨ 点击"Next>"按钮，安装文件，完成安装后的界面如图 1.5.9 所示。

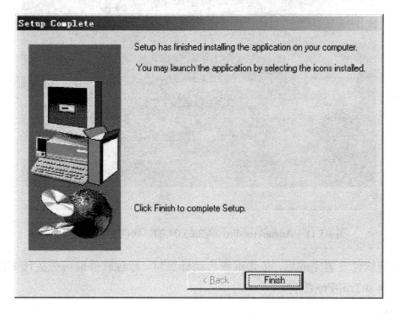

图 1.5.9 OPC Data Access 2.0 Components 的安装界面 3

⑩ 点击"Finish"按钮，完成安装。

完成 OPC Data Access 2.0 Components 的安装后，进入"相关信息"的安装界面，在图 1.5.10 中键入相应的用户名称和装置名称。

点击"下一步（N）"，自动完成软件狗驱动程序的安装。

安装结束后，系统将提示是否重新启动计算机，选择"是，立即重新启动计算机"，结束 AdvanTrol-Pro（V2.65.04.00）软件的安装，如图 1.5.11 所示。

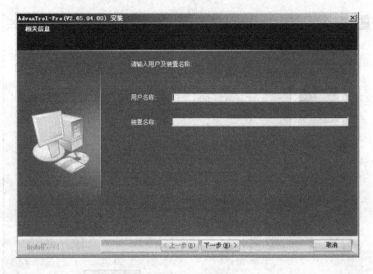

图 1.5.10　相关信息的填写界面

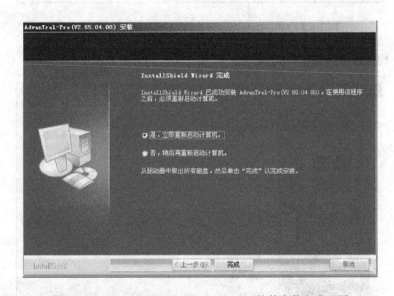

图 1.5.11　AdvanTrol-Pro（V2.65.04.00）软件安装完成界面

注意：系统软件安装完成后，必须重新启动计算机。卸载软件前应先关闭 FTP—SERVER 程序及其他 AdvanTrol-Pro 组件。

【思考与练习】

ADVANTROL 软件安装有几种类型？各适合什么场合？

任务 6　系统整体信息组态

系统组态是指对集散控制系统（Distributed Control System，DCS）的软、硬件构成进行配置。整个集散控制系统是有被控对象、卡件、模块、接口、传感器、执行器、PLC、电源单元和各种软件等构成的，如何让系统按照设计要求，达到工业控制的预定目标，方便操作人员对系统的监控和管理，就必须有序地将这些软、硬件进行组织，这就是组态。系统组态是指在工程师站上为控制系统设定各项软硬件参数的过程。由于 DCS 的通用性和复杂性，系统的许多功能及匹配参数需要根据具体场合而设定，例如系统由多少个控制站和操作站构成、系统采集什么样的信号、采用何种控制方案、怎样控制、怎样操作，操作时需显示什么数据等。另外，为适应各种特定的需要，集散控制系统具有丰富的 I/O 卡件，各种控制模块和操作平台。在组态时，一般根据系统的要求选择硬件设备，当与其他系统进行数据通信时，需要提供系统所采用的协议和使用的端口。

6.1　系统组态步骤

系统组态是一个循序渐进、多个软件综合应用的过程，在应用 AdvanTrol-Pro 软件对控制系统进行组态时，应针对系统的工艺要求，逐步完成对系统的组态。系统组态步骤框图如图 1.6.1 所示。

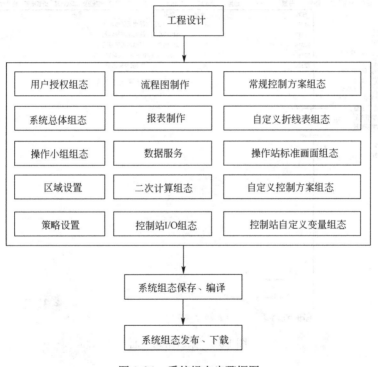

图 1.6.1　系统组态步骤框图

6.2　系统总体组态操作

6.2.1　组态界面启动

选择[开始/程序/AdvanTrol-Pro(V2.65)/系统组态]，或双击桌面 弹出 "SCKey 文件操作" 对话框，如图 1.6.2 所示。

点击 "载入组态" 按钮，弹出用户登录窗口，选择用户和输入密码，点击 "登录" 按钮，进入系统组态界面，如图 1.6.3 所示。

图 1.6.2 "SCKey 文件操作"对话框

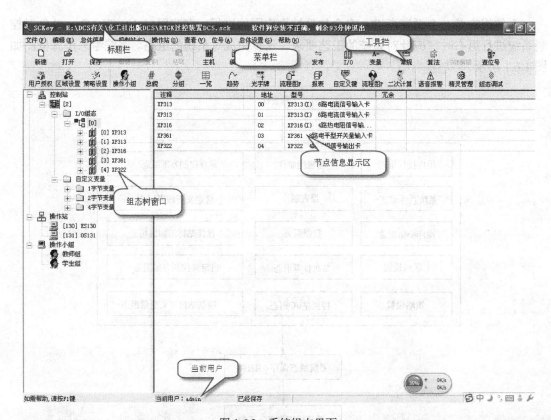

图 1.6.3 系统组态界面

菜单栏：显示经过归纳分类后的菜单项，包括文件、编辑、总体信息、控制站、操作站、查看、位号、总体设置和帮助 9 个菜单项，每个菜单项含有下拉式菜单。系统组态常用菜单命令一览见表 1.6.1。

表 1.6.1 系统组态常用菜单命令一览表

菜 单 项		工具栏图标	功 能 说 明
文件	新建	新建	建立新的组态文件
	打开	打开	打开已经存在的组态文件
	保存	保存	直接以原文件名保存组态文件

菜　单　项		工具栏图标	功能说明
文件	另存为		以新的路径和文件名保存组态文件
	组态导入		导入另一个组态控制站的内容，当控制站地址重复时，会弹出"控制站地址重复，请修改后再合并组态"的对话框
	组态转换保存		将组态信息文件转换保存为组态索引文件
	打印		打印组态文件中相关的列表信息（如卡件统计表、位号一览表等）
总体信息设置	主机设置	主机	设置系统的控制站（主控制卡）与操作站
	全体编译	编译	将已完成的组态文件的所有内容进行编译
	备份数据		将已完成的组态文件进行备份
	组态下载	下载	将编译后的控制站组态内容下载到对应控制站
	组态发布	发布	在工程师站将编译后的监控运行所必需的文件通过网络传送给操作站
控制站	I/O 组态	I/O	组态挂接在主控制卡上的数据转发卡、I/O 卡、信号点
	自定义变量	A=变量	定义在上下位机之间建立交流途径的各种变量
	常规控制方案	常规	组态常规控制方案
	自定义控制方案	算法	编程语言入口
操作站	操作小组设置	操作小组	组态操作小组
	总貌画面	总貌	组态总貌画面
	趋势画面	趋势	组态趋势画面
	分组画面	分组	组态分组画面
	一览画面	一览	组态一览画面
	流程图	流程图	绘制流程图
	报表	报表	编制报表
	自定义键	自定义键	设置操作员键盘上自定义键功能
	弹出式流程图	流程图P	绘制弹出式流程图
查看	工具栏		隐藏或显示组态界面的工具图标
	状态栏		隐藏或显示组态界面底部的状态栏
	提示信息		隐藏或显示组态界面的编译信息区
	位号查询	查位号	查找组态中任意一个位号并打开该位号的参数设置对话框
	选项		对 SCKey 软件的内部设置进行更改

　　组态树窗口：显示当前组态的控制站、操作站以及操作小组的总体情况。组态树以分层展开的形式，直观地展示了组态信息的树形结构。用户从中可清晰地看到从控制站直至信号点的各层硬件结构及其相互关系，也可以看到操作站上各种操作画面的组织方式。选择组态树上某一节点后按回车，如果此节点下还有子节点，则会将节点展开；再次按回车则会将已经展开的节点重新收回。以上操作等同于点击节点前的"–"、"+"，进行组态树层层展开和收回操作。

　　无论是系统单元、I/O 卡件还是控制方案，或是某页操作界面，只要展开组态树，在其中找到相应节点标题，用鼠标双击，就能直接进入该单元的组态窗口。

节点信息显示区：显示某个节点（包括左边组态树中任意一个项目）的具体信息。

6.2.2 系统总体组态操作

在系统组态界面中，"总体信息"菜单是对系统总体结构的组态与操作。组态开始和结尾的操作命令都在此菜单中。

主机设置用于设置主控制卡和操作站的信息。点击菜单命令[总体信息/主机设置]或在工具栏中点击主机设置图标，弹出主机设置界面，如图 1.6.4 所示。

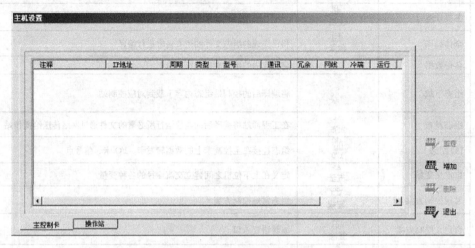

图 1.6.4　主机设置界面 1

主机设置界面包括主控制卡设置和操作站设置两项。主控制卡设置项用于完成控制站（主控制卡）设置；操作站设置项用于完成操作站（工程师站、数据站和操作站）设置。点击主机设置界面下方的主控制卡标签或操作站标签可进入相应的设置界面。

（1）主控制卡设置

在主机设置界面右边有一组命令按钮用于进行设置操作。

- 整理　对已经完成的节点设置按地址顺序排列。
- 增加　增加一个节点。
- 删除　删除指定的节点。
- 退出　退出主机设置。

主控制卡组态内容包括：

- 注释　可以写入相关的文字说明（可为任意字符），注释长度为 20 个字符；
- IP 地址　SUPCON WebField 控制系统采用了双高速-冗余工业以太网 SCnet Ⅱ作为其过程控制网络。控制站作为 SCnet Ⅱ的节点，其网络通讯功能由主控制卡担当，其 TCP/IP 协议地址采用表 1.6.2 所示的系统约定，组态时确保所填写的 IP 地址与实际硬件的 IP 地址一致。单个区域网中最多可组 63 个控制站；

表 1.6.2　TCP/IP 协议控制站地址的系统约定

类别	地址范围		备注
	网络码	主机码	
控制站地址	128.128.1	2～127	每个控制站包括两块互为冗余的主控制卡。每块主控制卡享用不同的网络码。主机地址统一编排，相互不可重复。地址应与
	128.128.2	2～127	主控制卡硬件上的跳线匹配

- 周期 其值必须为 0.05 s 的整数倍,范围在 0.05～5 s 之间,一般建议采用默认值 0.5 s;
- 类型 类型一栏有控制站、采集站和逻辑站 3 种选项,它们的核心单元都是主控制卡。在此,选择"控制站";
- 型号 可以根据需要从下拉列表中选择不同的型号,在此选择 XP243X;
- 通讯 数据通讯过程中要遵守的协议。目前通讯采用 UDP 用户数据包协议。UDP 协议是 TCP/IP 协议的一种,具有通讯速度快的特点;
- 冗余 打勾代表当前主控制卡设为冗余工作方式,不打勾代表当前主控制卡设为单卡工作方式。单击冗余选项将自动打勾,再次单击将取消打勾。单卡工作方式下在偶数地址放置主控制卡,冗余工作方式下,其相邻的奇数地址自动被分配给冗余的主控制卡,不需要再次设置;
- 网线 选择需要使用的网络 A、网络 B 或者冗余网络进行通讯。每块主控制卡都具有两个通信口,在上的通讯口称为网络 A,在下的通讯口称为网络 B,当两个通讯口同时被使用时称为冗余网络通讯;
- 冷端 选择热电偶的冷端补偿方式,可以选择就地或远程。就地:表示通过热电偶卡(或热敏电阻)采集温度进行冷端补偿。远程:表示统一从数据转发卡上读取温度进行冷端补偿;
- 运行 选择主控制卡的工作状态,可以选择实时或调试。选择实时,表示运行在一般状态下;选择调试,表示运行在调试状态下;
- 保持 即断电保持。缺省设置为否。

按项目要求,控制站的配置结果如图 1.6.5 所示。

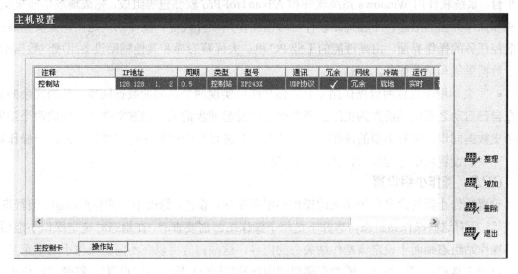

图 1.6.5 控制站配置

（2）操作站设置

点击图 1.6.5 中的操作站,出现操作站设置窗口。按项目要求配置的操作站设置结果如图 1.6.6 所示。

- 注释 可以写入相关的文字说明（可为任意字符）,注释长度为 20 个字符。

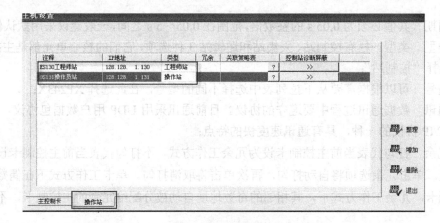

图 1.6.6　操作站设置

- IP 地址　最多可组 72 个操作站，对 TCP/IP 协议地址采用表 1.6.3 所示的系统约定。

表 1.6.3　SCnet Ⅱ操作站地址约定

类　别	地　址　范　围		备　注
	网络码	主机地址	
操作站地址	128.128.1	129～200	每个操作站包括两块互为冗余的网卡。两块网卡享用同一个主机地址，但应设
	128.128.2	129～200	置不同的网络码。主机地址统一编排，相互不可重复

- 类型　操作站类型分为工程师站、数据站和操作站 3 种，可在下拉列表框中进行选择。工程师站：主要用于系统维护、系统设置及扩展。由满足一定配置的普通 PC 或工业 PC 作硬件平台，系统软件由 Windows 系统软件和 AdvanTrol-Pro 软件包等组成，完成现场信号采集、控制和操作界面的组态。工程师站硬件也可由操作站硬件代替。操作站：是操作人员完成过程监控任务的操作界面，由高性能的工业 PC 机、大屏幕彩显和其他辅助设备组成。数据站：用于数据采集和记录任务。

- 冗余　用于设置两台操作站冗余。该功能可实现两个站间的数据同步，互为冗余的站将在自己启动之后向当前作为主站的操作站主动发起同步请求，通过文件传输完成两个站间的历史数据同步。所有类型的操作站中只能有一对进行冗余配置（将需要冗余的两个操作站的"冗余"设置项中打勾），否则编译会出错。

6.2.3　操作小组设置

设置操作小组的意义在于不同的操作小组可观察、设置、修改不同的标准画面、流程图、报表等。所有这些操作站组态内容并不是每个操作站都需要查看，在组态时选定操作小组后，在各操作站组态画面中设定该操作站关心的内容，这些内容可以在不同的操作小组中重复选择。点击工具栏中 图标，或者在菜单栏中选择[操作站/操作小组设置]，将弹出操作小组设置窗口，出现图 1.6.7 所示界面。通过点击"增加"按钮，增加"教师组"和"学生组"两个操作小组。

在实际工程应用中建议设置一个操作小组，它包含所有操作小组的组态内容。当其中有一操作站出现故障时，可以运行此操作小组，查看出现故障的操作小组的运行内容，以免时间耽搁而造成损失。

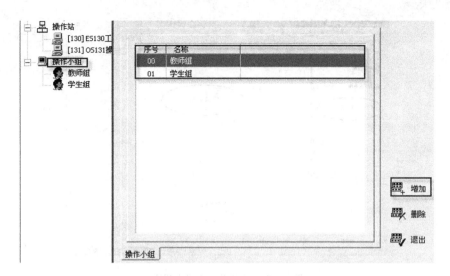

图 1.6.7　操作小组设置

6.2.4　授权设置

用户授权软件主要是对用户信息进行组态，其功能如下：

- 一个用户关联一个角色；
- 用户的所有权限都来自于其关联的角色；
- 用户的角色等级也来自于角色列表中的角色；
- 可设置的角色等级分成 8 级，分别为：操作员－、操作员、操作员＋、工程师－、工程师、工程师＋、特权－、特权；
- 角色的权限分为功能权限、数据权限、特殊位号、自定义权限、操作小组权限；
- 只有超级用户 admin 才能进行用户授权设置，其他用户均无权修改权限，工程师及工程师以上级别的用户可以修改自己的密码。admin 的用户等级为特权＋，权限最大，默认密码为 supcondcs。

（1）启动用户授权软件

进入 SCKey 组态软件后，在 SCKey 的工具条中有单独的一个按钮来启动当前组态的用户管理程序，如图 1.6.8 所示。

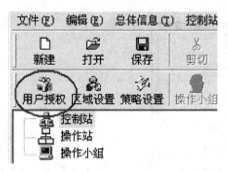

图 1.6.8　启动用户授权软件

点击"用户授权"，即可进入用户授权的组态界面，如图 1.6.9 所示。

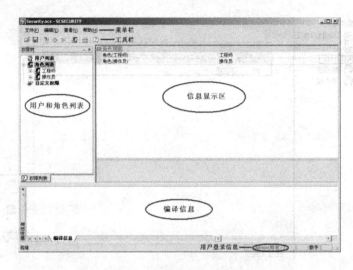

图 1.6.9　用户授权的组态界面

菜单栏包括文件、编辑、查看、帮助等，各菜单功能简介见表 1.6.4。

表 1.6.4　Security 菜单栏功能简介

文件	用于打开、保存.SCS 文件和退出用户授权界面
编辑	提供编辑的功能，包括：添加用户向导、添加、删除、管理员密码和编译
查看	用于设置显示和隐藏权限树、编译信息、工具栏和状态栏
帮助	提供使用说明和用户权限组态的版本、版权等信息

工具栏的各工具功能，与菜单栏类似，鼠标悬浮与工具栏某一图标，相应的功能简介便会以浮出文字的方式显示。

用户和角色列表区域中用户列表包含该组态中的所有用户；角色列表则包含该组态用户中的所有角色；角色列表中的单个角色：包含有功能权限、数据权限、特殊位号、自定义权限、操作小组权限以及用户列表。

用户授权软件的用户列表和角色列表界面如图 1.6.10 所示。

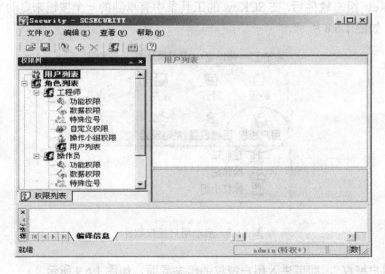

图 1.6.10　用户授权软件的用户列表和角色列表界面

- "角色列表"中的"工程师"是指相应角色的等级。
- 新组态默认存在"工程师"和"操作员"两个角色，等级分别为"工程师"和"操作员"，操作小组权限为空，其他权限按默认配置。

① 单个角色

在权限树中单击某个角色后，右边信息区会列出该角色信息。如图 1.6.11 所示。

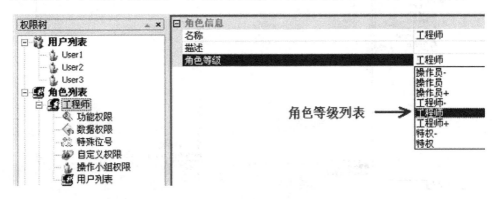

图 1.6.11　单个角色信息显示界面

② 角色的功能权限

在权限树中选中某个角色的功能权限后，右边信息区显示该角色的所有功能权限，打勾的表示该角色具有的权限（不同的角色所拥有的默认权限各不相同），如图 1.6.12 所示。

图 1.6.12　功能权限列表界面

- 可以通过勾选功能权限列表中的各权限，修改角色的功能权限。
- 在选择角色的等级时，程序会提示是否确定要修改角色等级。如果选择是，则赋予角色相应等级的功能权限，即将其功能权限修改成等级相应的功能权限，否则保持原角色等级。

③ 角色的数据权限

单击权限树中某个角色的数据权限，右边信息区中显示该组态中所有的数据组和数据区，如图 1.6.13 所示。

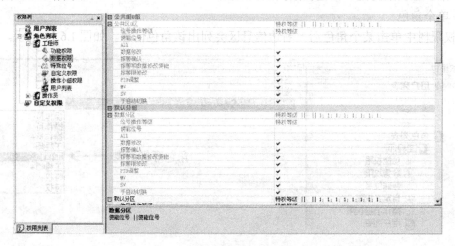

图 1.6.13　角色的数据权限界面

所有权限都在数据区中设置。包括位号操作等级、使能位号、All、数据修改、报警确认、报警和数据修改使能、报警限修改、PID 调整、MV、SV 和手自动切换。

④ 角色的操作小组权限

- 操作小组权限列表中列出了已组态的所有操作小组，可以在其中选择角色允许访问的操作小组。

- 每个角色至少关联一个操作小组，否则编译出错。

- Admin 用户默认关联所有的操作小组，不可修改。

⑤ 用户列表

用户列表列出了该角色对应的所有用户，在这里可以新增用户、删除用户、修改用户信息，方法与前面所述的用户授权组态类似。

（2）新增"特权"角色列表

新增"特权"角色列表具体操作见图 1.6.14。.

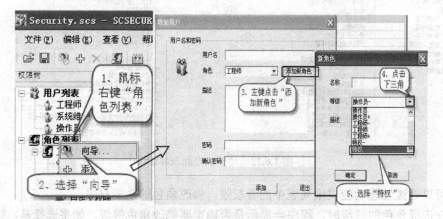

图 1.6.14　新增"特权"角色列表操作

（3）角色具有的功能权限设置

角色具有的功能权限设置操作步骤见图 1.6.15。

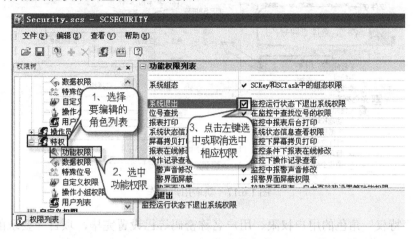

图 1.6.15　角色功能权限设置

（4）关联操作小组权限

角色相关联的操作小组权限设置操作步骤见图 1.6.16。

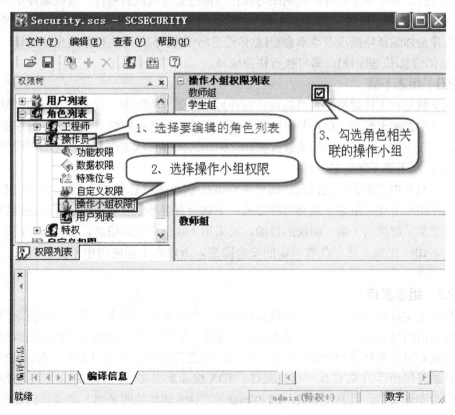

图 1.6.16　角色相关联的操作小组权限设置

（5）新增用户

新增用户操作见图 1.6.17。

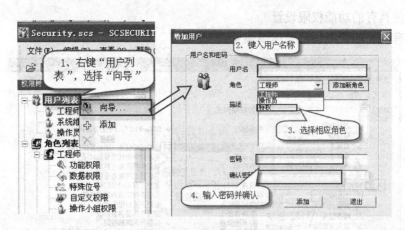

图 1.6.17　新增用户操作

　　至此，"特权"角色的用户权限、用户名称密码等已设置完毕，项目一要求的用户管理的其他角色列表及权限的设置与上述操作步骤类似。

6.2.5　全体编译

　　系统组态所形成的组态文件必须经过系统编译，才能下载到控制站执行，才能发布到操作站进行监控。编译命令只可在控制站与操作站都组态完成以后进行，否则编译不可选。编译之前 SCKey（组态软件）会自动将组态内容保存。点击工具栏中的 图标，在弹出的子菜单中选择全体编译项或点击菜单命令[总体信息/全体编译]即可执行系统全体编译。点击菜单命令[总体信息/快速编译]，即可执行快速编译。

6.2.6　组态下载

　　组态下载是在工程师站上将组态内容编译后下载到主控制卡，或在修改与控制站有关的组态信息（主控制卡配置、I/O 卡件设置、信号点组态、常规控制方案组态、程序语言组态等）后，重新下载组态信息。如果修改操作站的组态信息（标准画面组态、流程图组态、报表组态等），则不需下载组态信息。

　　点击工具栏中的组态下载图标，或点击菜单命令[总体信息/组态下载]，打开组态下载对话框，执行组态下载。组态下载有两种方式：下载所有组态信息和下载部分组态信息。当用户对系统非常了解或为了某一明确的目的，可采用下载部分组态信息，否则应采用下载所有组态信息。由于在线下载存在着一定的安全隐患，所以在工程应用中不提倡采取在线下载方式。

6.2.7　组态发布

　　为保证上位机组态的一致性，上位机组态由工程师站统一发布。即所有操作站的组态都必须以发布后的组态为准。点击"发布组态"按钮，则将编译后的组态文件从当前组态 Run目录拷贝到本机发布目录 SCPublishCfg 中，此时该组态为网上发布的正式组态。组态发布是从工程师站将编译后的 SCO 操作信息文件、.IDX 编译索引文件、.SCC 控制信息文件等通过网络传送给操作员站。组态发布前，FTPSever（文件传输协议服务器）必须是已在运行。组态发布时通过"通知更新"通知各操作站立即更新组态，通过单击打勾来选定需要进行通知更新的操作站，监控信息一列表示各个操作站当前监控运行状态信息，当所选的操作站更新成功后，则将本机 SCPublishCfg 文件夹下的组态文件拷贝到操作站上监控运行目录中，组态传送状态将显示"任务已完成或没有任务进行"。

注意：避免在组态发布的同时，手动退出监控。

【思考与练习】

（1）JX-300XP 系统最多有多少个控制站？最多有多少个操作站？

（2）监控系统为什么要设置操作小组？

任务 7　系统控制站组态

在系统组态中，"控制站"菜单用于对系统控制站结构及控制方案的组态。

7.1　数据转发卡组态

数据转发卡组态是对某一控制站内的数据转发卡的冗余情况、卡件在 SBUS-S2 网络上的地址进行组态。在菜单栏中选择：[控制站/IO 组态]或是在工具栏中点击 $\frac{\square\square}{\text{I/O}}$ 图标，将弹出 I/O 组态界面，选择数据转发卡标签页，如图 1.7.1 所示。

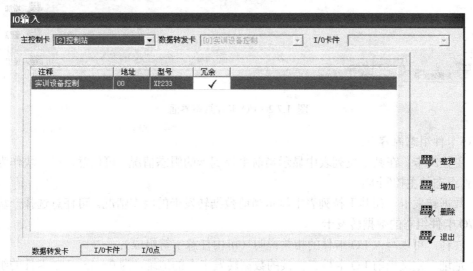

图 1.7.1　数据转发卡组态界面

在数据转发卡组态界面右边有一组命令按钮，其功能与主机设置界面右边的命令按钮的功能相同。

- 主控制卡　此项下拉列表列出了"主机设置"组态中已组态的所有主控制卡，可以从中选择一块作为当前组态的主控制卡。选定主控制卡，之后所组的数据转发卡都将挂接在该主控制卡上。一块主控制卡下最多可组 16 块数据转发卡。
- 注释　可以写入数据转发卡的相关说明（可由任意字符组成）。
- 地址　定义相应数据转发卡在挂接的主控制卡上的地址，地址值应设置为 0～15 内的偶数（冗余设置时奇数地址设置自动完成）。数据转发卡的组态地址应与数据转发卡硬件上的跳线地址匹配，且地址不可重复。
- 型号　根据选择的不同型号的主控制卡，可以从下拉列表中选择不同型号的数据转发卡。
- 冗余　用于设置数据转发卡的冗余信息，设置冗余单元的方法及注意事项同主控制卡。

7.2　I/O 卡件组态

I/O 卡件组态是对 SBUS-S1 网络上的 I/O 卡件型号及地址进行组态。一块数据转发卡下可组 16 块 I/O 卡件。在 IO 卡组态界面中选择 I/O 卡件标签页，如图 1.7.2 所示。

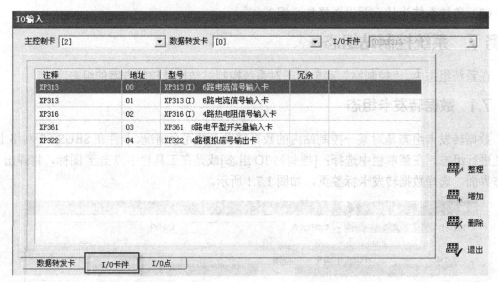

图 1.7.2　I/O 卡件组态界面

I/O 卡件组态内容有：

● 主控制卡　在其下拉列表中显示当前主控制卡的组态情况。可任意选择一块作为当前 I/O 卡件组态的主控制卡；

● 数据转发卡　在其下拉列表中显示当前数据转发卡的组态情况。可任意选择一块作为当前 I/O 卡件组态的数据转发卡；

● 注释　可以写入 I/O 卡件的相关说明（可由任意字符组成）；

● 地址　定义当前 I/O 卡件在挂接的数据转发卡上的地址，为 0～15。I/O 卡件的组态地址应与它在控制站机笼中的排列编号相匹配，并且地址编号不可重复；

● 型号　从下拉列表中选择需要的 I/O 卡件类型。不同的主控制卡所支持的 I/O 卡件不同；

● 冗余　将当前选定的 I/O 卡件设为冗余单元。欲将某可冗余卡件设置为冗余结构，则其地址（设为偶数）的相邻地址必须未被占用。

注意：若要对某可冗余的卡件进行冗余设置，必须确保该卡件地址为偶数，且其相邻地址未被占用，否则无法设置成功。

7.3　I/O 点组态

I/O 点组态是对所组卡件的信号点进行组态。可以分别选择主控制卡、数据转发卡和 I/O 卡件进行相应的组态。在选定一块 I/O 卡件后可以点击"增加"按钮连续添加其信号点，直至达到该卡件的信号点上限，此时"增加"按钮呈灰色不可操作状态。删除时，其余信号点的地址将保持不变，不会重新编排。在 I/O 点组态界面中选择 I/O 点标签页，如图 1.7.3 所示。

I/O 点组态内容有：

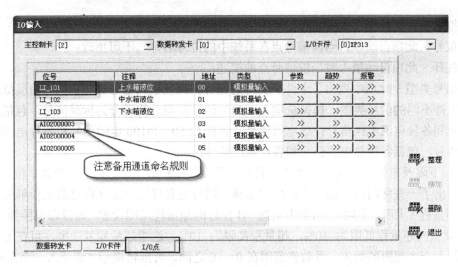

图 1.7.3 I/O 点组态界面

- 位号　当前信号点在系统中的位号名称。每个信号点在系统中的位号名称应是唯一的，不能重复，位号只能以字母开头，不能使用汉字，且字长不得超过 10 个英文字符。 位号编写规则见任务 3 中的仪表位号；

- 注释　注释栏内写入对当前 I/O 点的文字说明，字长不得超过 20 个字符；

- 地址　此项定义指定信号点在当前 I/O 卡件上的编号。信号点的编号应与信号接入 I/O 卡件的接口编号匹配，不可重复使用；

- 类型　此项显示当前卡件信号点信号的输入/ 输出类型，类型包括：模拟量输入 AI、模拟量输出 AO、开关量输入 DI、开关量输出 DO、脉冲量输入 PI 、PAT 输出、SOE 输入、电量信号输入 PO8 种类型，选择不同的卡件即显示不同的类型，用户不可修改；

- 参数　根据信号点类型进行信号点参数设置。点击 按钮将进入相应的参数设置界面。

7.3.1　模拟量输入信号点参数设置

在 I/O 组态界面的 I/O 点标签页中选中某一模入点，点击"参数"下的 ＞＞ 按钮将进入模拟量输入信号点设置对话框，如图 1.7.4 所示。

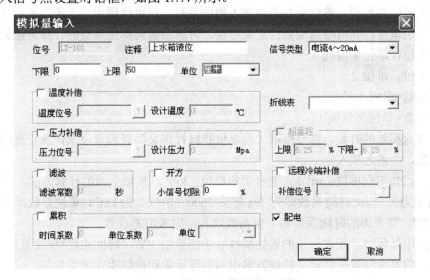

图 1.7.4　模入点参数设置对话框

模拟量输入信号点设置组态对话框中组态内容有：

- 位号　此项自动填入当前信号点在系统中的位号名称，不可更改；
- 注释　此项自动填入对当前信号点的描述；
- 信号类型　此项中列出了卡件所支持的各种模拟量输入信号类型，不同的模拟量输入卡件可支持不同的信号类型。模拟量输入（AI）信号类型总的可分为标准信号，包括Ⅱ型、Ⅲ型信号和各种电流电压信号；热电阻信号，包括 Cu50、Pt100 电阻信号和各种电压信号；热电偶信号，包括各种热电偶信号和各种电压信号；
- 上/下限及单位　这几项分别用于设定信号点的量程最大值、最小值及其单位。工程单位表中列出了一些常用的工程单位供用户选择，同时也允许用户定义自己的工程单位；
- 超量程（上限、下限）　组态中支持 AI 位号的超量程范围设置，超量程范围为–10%～110%，默认的超量程低限为–10%，超量程高限为 10%，选中超量程复选框，可在上限和下限项中填入一个超限的数值，且数值范围在 0～10 之间，否则将提示"请填入一个在 0 和 10 之间的数字"（监控中如该位号处于超量程状态，则仪表面板上显示 HOR/LOR）；
- 温度补偿（温度位号、设计温度）　当信号点所取信号需温度补偿时，选中温度补偿复选框，将打开后面的温度位号和设计温度两项，点中温度位号项后面的按钮，此时会弹出位号选择对话框从中选择补偿所需温度信号的位号，位号也可直接填入，但需说明的是所填位号必须已经存在。在设计温度项中填入设计的标准温度值；
- 压力补偿（压力位号、设计压力）当信号点所取信号需进行压力补偿时，选中压力补偿复选框，将打开后面的压力位号和设计压力两项，压力位号的设置与温度补偿中温度位号设置过程一样。在设计压力项中填入设计的标准压力值；
- 滤波（滤波常数）　当信号点所取信号需滤波时，选中滤波复选框，在滤波常数项内可填入滤波常数，单位为秒。提供一阶惯性滤波；
- 开方（小信号切除）　当信号点所取信号需开方处理时，选中开方复选框，在小信号滤波项中填入小信号切除的百分量（0～100）；
- 配电　可选择该卡件是否需要配电；
- 累积（时间系数、单位系数、累积单位）　当信号点所取信号是累积量时，选中累积复选框，在时间系数项、单位系数项中填入相应系数；在单位项中填入所需累积单位，软件提供部分常用单位，亦可根据需要自定义单位。时间系数与单位系数的计算方法如下：

工程单位：单位 1/时间 1

累积单位：单位 2

时间系数=时间 1/秒

单位系数=单位 2/单位 1

在设置累积量的时候，需要根据工程单位和自行定义的累积单位来计算正确的单位系数和时间系数，并将之填入。

例如：已知工程单位：m^3/h，选择累积单位：km^3。按照上面的计算方法，单位 1 即为 m^3，时间 1 为 h。因此时间系数即为 h/s 等于 3600。单位 2 为 km^3，单位系数即为 km^3/m^3，结果为 1000。将求得的时间系数和单位系数填入，完成组态设置。

在监控中显示时，积累一项的累加基数等于测量值 PV/（时间系数*单位系数）。在实际工程中流量的累积经常在自定义控制方案中利用流量累积模块实现流量累积。

对于模拟量输入信号，控制站根据信号特征及用户设定的要求做一定输入处理，模拟信号处理流程如图 1.7.5 所示。

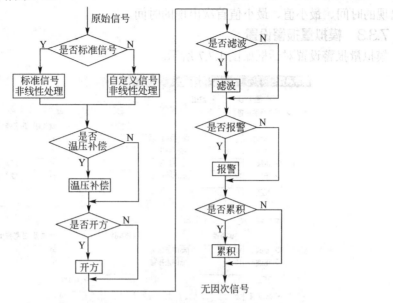

图 1.7.5 模拟信号处理流程

7.3.2 趋势服务组态

在 I/O 组态界面的 I/O 点标签页中选中某一信号点，点击"趋势"下的 >> 按钮将进入 I/O 趋势组态对话框，如图 1.7.6 所示。

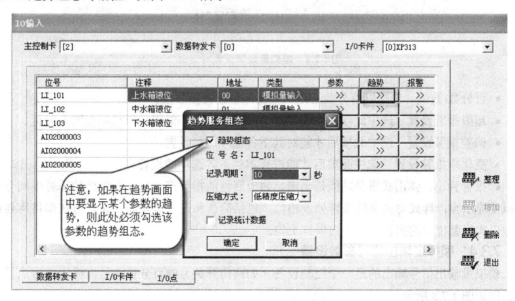

图 1.7.6 趋势组态对话框

- 趋势组态 选中则记录该信号点的历史数据。
- 记录周期 从下拉列表中选择记录周期，包括 1s、2s、3s、5s、10s、15s、20s、30s、60s。
- 压缩方式 有低精度压缩方式和高精度压缩方式可供选择。

● 记录统计数据　选中则将统计该位号的数据个数、平均值、方差、最大值、最大值首次出现的时间、最小值、最小值首次出现的时间。

7.3.3　模拟量报警设置

模拟量报警设置对话框如图 1.7.7 所示。

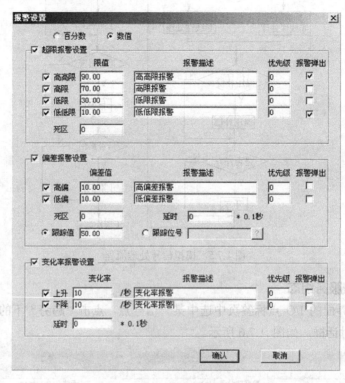

图 1.7.7　模拟量报警设置对话框

● 百分数/数值　选择以百分数还是工程实际值设置报警值。

● 超限报警设置　选中此项后才能设置高高限、高限、低限、低低限报警及死区。

● 偏差报警设置　选中此项后才能对其下各选项进行设置。

● 变化率报警设置　选中此项后才能进行本栏下各选项的设置。

● 报警弹出：弹出式报警功能是当满足弹出属性的报警产生后，在监控的屏幕中间会弹出报警提示窗，样式与光字牌报警列表相仿，包括确认和设置等功能。设置方法即将需要设置弹出式报警位号的报警属性中该项打上勾。

7.3.4　模拟量输出信号参数设置

模拟量输出信号输出的是一个控制设备（如阀门开关）的百分量信号。模出信号点设置对话框如图 1.7.8 所示。

● 位号　此项自动填入当前信号点在系统中的位号，不可更改。

● 注释　此项自动填入对当前信号点的描述。

● 输出特性　此框中指定控制设备的特性（正输出/反输出）。

● 信号类型　此框中指定输出信号的制式 Ⅱ 型（0~10）mA，Ⅲ 型（4~20）mA。而带 HART 功能的模拟量输出卡件的信号类型为：Ⅲ 型（4~20）mA。

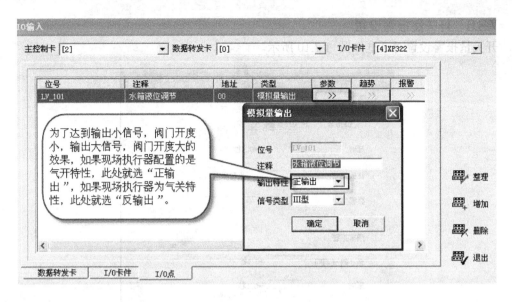

图 1.7.8　模拟量输出信号点设置

7.3.5　开入/开出信号点设置

开入/ 开出信号都是数字信号，两种信号点的设置组态基本一致，组态对话框如图 1.7.9 所示。

- 位号　此项自动填入当前信号点在系统中的位号，不可更改。
- 注释　此项填入对当前信号点的描述。
- 状态　打勾表示开关量初始状态为常开。
- 端子　打勾表示该点为有源。

开/关状态表述（ON/OFF 状态描述、ON/OFF 颜色）　此功能组共包含 4 项，分别对开关量信号的开（ON）/关（OFF）状态进行描述和颜色定义，如图 1.7.9 所示。

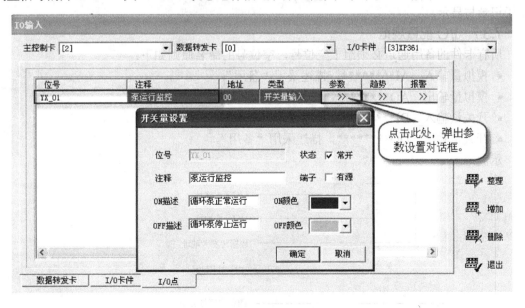

图 1.7.9　开关量输入/输出信号点设置

65

7.3.6 开关量报警设置

开关量报警设置对话框如图 1.7.10 所示。

图 1.7.10 开关量报警设置

状态报警　选择是否设置状态报警。

• ON 报警/OFF 报警　选择是 ON 状态报警还是 OFF 状态报警。

• 延时　设置报警生效的持续时间。当报警发生持续超过延时设定的时间值后，报警进入记录与显示。若报警发生没有持续到延时设定的时间值就已消除，则该条报警视为无效，不予记录与显示。

7.3.7 I/O 配置规范

所有卡件的备用通道必须组上空位号，空位号的命名原则如下：

• 模拟量输入　AI********，描述采用"备用"；

• 模拟量输出　AO********，描述采用"备用"；

• 开关量输入　DI********，描述采用"备用"；

• 开关量输出　DO********，描述采用"备用"。

示例：

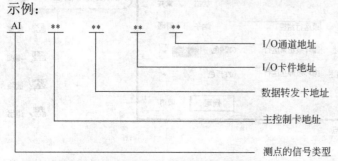

信号点分配到各控制站建议遵循以下原则：

- 同一工段的测点尽量分配在同一控制站；
- 同一控制回路需要使用到的测点必须分配在同一控制站；
- 同一连锁条件需要使用到的测点必须分配在同一控制站；
- 按照标准测点清单进行信号点分配及测点统计；
- 条件允许下，在同一个控制站中留有几个空余槽位，为设计更改留有余量；
- 模入测点按照测点类型顺序排布。按照温度—压力—流量—液位—分析—其他 AI 信号—AO 信号—DI 信号—DO 信号—其他类型信号的顺序分配信号点，信号点按字母数字顺序从小到大排列，不同类型信号之间空余 2～3 个位置，填上空位号；配电与不配电信号不要设置到不隔离的相邻端口上，最好放置在不同卡件上；
- 同一类型卡件尽量放置在同一级笼中；
- 热备用卡件组在同类型卡件的最后。

7.4　自定义变量

在 AdvanTrol2.65 中主要有 3 种变量：自定义变量，它在 SCKey 组态上设置，即可以供流程图等上位机画面调用，也可以供图形化编程调用；程序变量，它在图形化编程中工程-变量编辑器中设定，图形化程序可以调用，但上位机不可直接调用显示；私有变量，用于图形化编程中对自定模块的输入输出私有变量设定，以及控制变量设置等。

自定义变量的作用是在上下位机之间建立交流的途径，上下位机均可读可写。对应于上位机写，下位机读，是上位机向下位机传送信息，表明操作人员的操作意图。对应于下位机写，上位机读，是下位机向上位机传送信息，一般是需要显示的中间值或需要二次计算的值。

在 SCKey 中选中菜单栏中的[控制站/自定义变量]或击工具栏中 A= 变量 图标，则会弹出自定义变量声明对话框，如图 1.7.11 所示。AdvanTrol2.65 中有自定义 1 字节变量、2 字节变量、4 字节变量、8 字节变量和自定义回路。

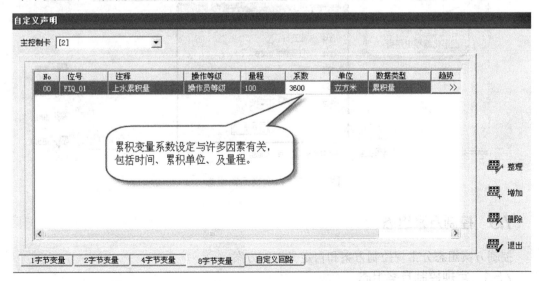

图 1.7.11　自定义变量声明

- 1 字节变量　对应与仅有两个状态的开关量，即布尔量。如定义连锁、清零按钮等。

● 2 字节变量　对应的数据类型为有符号整数、无符号整数，半浮点数（sfloat）等。如定义某参数上、下限报警的限值。

注：半浮点数定义为最高位为符号位，后三位为整数位，其余为小数部分，整数部分与小数部分之间小数点消隐。如在 SCControl 中用到的 LI_101.PV 就是半浮点数。即模拟量数据经过无因次化处理在图形化编程中是一个半浮点类型数据，范围 0～1，其量程下限对应为 0，量程上限对应为 1，其间成线性关系。如某 4～20mA 流量量程为 0～200m³/h，那么在图形化编程运算中 0 m³/h 对应值为 0，200 m³/h 对应值为 1 进行运算。

● 4 字节变量　4 字节变量数据类型分别为无符号长整数、有符号长整数、浮点 3 种类型。

● 8 字节变量　当前自定义 8 字节变量仅提供累积量类型。累积量定义为：高 2 字节为空+4 字节长整数部分+2 字节半浮点数作为小数部分。

自定义 8 字节累积变量系数设定与实践、累积单位、量程有关。如，若有一流量信号 FI101：量程 0～100 m³/h；自定义累积量 FIQ101：量程 0～100km³，则时间系数：3600，累积系数：1000；则自定义累积量系数为 3600×1000=3600000；若有一流量信号 FI101：量程 0～500 m³/h；自定义累积量 FIQ101：量程 0～100 km³。则时间系数：3600，累积系数：1000；则自定义累积量系数为 3600*1000/5=720000。

● 自定义回路　在自定义控制方案的编程过程中，若要用到回路调节运算模块 BSC 和 CSC，则要在自定义声明中先对回路进行定义。在自定义声明对话框中选择自定义回路标签页，将进入自定义回路组态对话框，如图 1.7.12 所示。

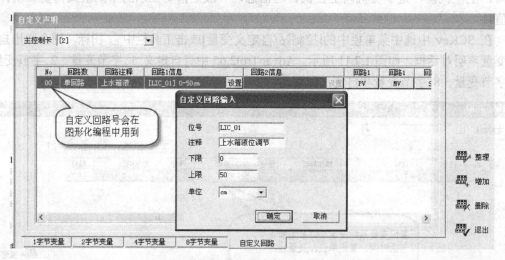

图 1.7.12　自定义回路组态

7.5　控制方案组态

控制方案组态分常规控制方案和自定义控制方案。

7.5.1　常规控制方案组态

常规控制方案是指过程控制中常用的对对象的调节控制方法。这些控制方案在系统内部已经编程完毕，只要进行简单的组态即可。

点击工具栏中![图标]图标或点击菜单命令[控制站/ 常规控制方案]，将弹出如图 1.7.13 所示对话框，点击增加按钮将自动添加默认的控制方案。

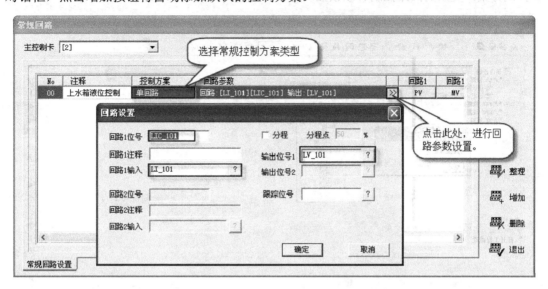

图 1.7.13　常规控制方案组态

• 主控制卡　此项中列出所有已组态登录的主控制卡，用户必须为当前组态的控制回路指定主控制卡，对该控制回路的运算和管理由所指定的主控制卡负责。

• No　回路存放地址，整理后会按地址大小排序。

• 注释　此项填写当前控制方案的文字描述。

• 控制方案　此项列出了系统支持的 8 种常用的典型控制方案：包括手操器、单回路、串级、单回路前馈、串级前馈、单回路比值、串级变比值-乘法器、采样控制，用户可根据自己的需要选择适当的控制方案。

• 回路参数　用于确定所组控制方案的输出方法。回路 1/ 回路 2 功能组用以对控制方案的各回路进行组态（回路 1 为内环，回路 2 为外环）。回路位号项填入该回路的位号；回路注释项填入该回路的说明描述；回路输入项填入回路反馈量的位号，常规控制回路输入位号只允许选择 AI 模入量，位号也可通过![?]按钮查询选定。系统支持的控制方案中，最多包含两个回路。如果控制方案中仅一个回路，则只需填写回路 1 功能组。

常规控制方案组态简单，但留给用户的接口参数较少，且其输入和输出只允许 AI 和 AO，对一些有特殊要求的控制，用户必须根据实际需要自己定义控制方案。

7.5.2　自定义控制方案

点击工具栏中![图标]图标，或者选择菜单[控制站/自定义控制方案]命令，进入自定义控制算法设置对话框，如图 1.7.14 所示。

图形编程　此框中点击文件查询功能按钮，选定与当前控制站相对应的图形编程文件，图形文件以.PRJ 为扩展名，存放在组态文件夹下的 CONTROL 子文件夹中。若是新建程序文件，可直接输入文件名。选定一图形编程文件后，点击按钮，将打开图

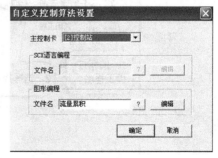

图 1.7.14　自定义控制算法设置对话框

形编程软件并对文件进行编辑修改,图形化编程环境如图 1.7.15 所示,可在此环境编写自定义控制方案,复杂的回路控制、联锁控制等。

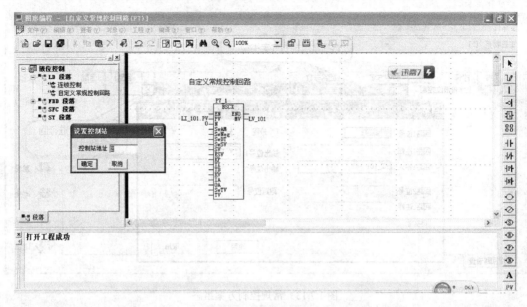

图 1.7.15　图形化编程环境

图形编程用一个工程(Project)描述一个控制站的所有程序。工程包含一个或多个段落(Section)。每个工程唯一对应一个控制站,工程必须指定其对应的控制站地址。图形编程通过工程管理多个段落文件,在工程文件中保存配置信息。

图形编程有 4 种编程语言,分别为 LD、FBD、SFC、ST。不论采用哪种编程语言,编程的步骤均为:新建工程并与主控卡关联、根据控制方案特点新建"段落"、在"段落"中编写程序、编译下载调试。

(1)建立工程与主控卡关联

鼠标右键工程文件名,在弹出的菜单中选择"控制站地址",弹出主控卡关联对话框,操作步骤如图 1.7.16 所示。

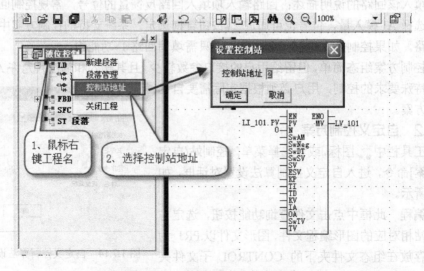

图 1.7.16　建立工程与主控卡关联

（2）新建段落

根据实际工程情况，新建段落，其操作步骤如图 1.7.17 所示。

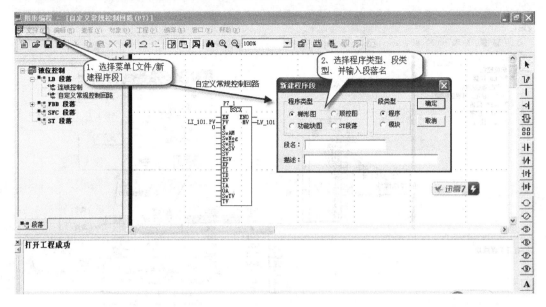

图 1.7.17　新建段落

（3）编写程序

在图形化编程环境中编写控制程序，可以利用编程软件提供的 IEC 模块库、辅助模块库等。以自定义常规控制方案编程步骤如图 1.7.18、图 1.7.19 所示。

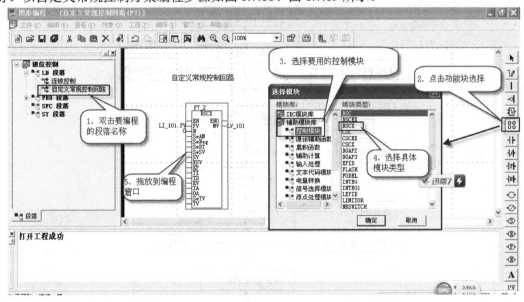

图 1.7.18　选择 BSCX 控制模块

BSC、BSCX 模块是对在自定义回路中声明的单回路进行定义，确定它的输入输出，组成一个 PID 简单控制回路。通过序号 N 与自定义回路中的声明相对应，将它在自定义回路中所相应序号所对应的位号组入监控画面中，可在监控画面中对其进行参数设置。其中 BSCX

可以有更多的参数让用户来设置。该模块的控制流程图如图 1.7.20 所示。其更多的参数信息和详细设置可参见帮助文档。

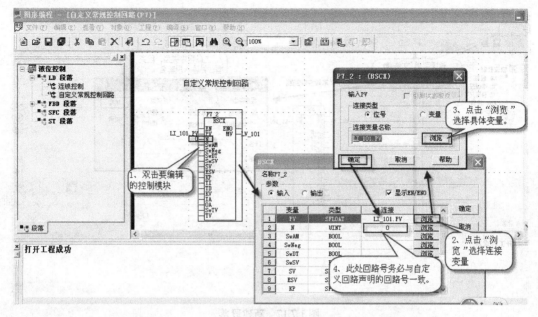

图 1.7.19　模块引脚参数设置

图形编辑器中触点、线圈、定时器、计数器等功能的应用与 PLC 中的类似。

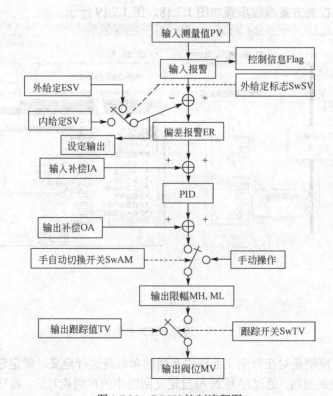

图 1.7.20　BSCX 控制流程图

【思考与练习】

（1）在图形编辑器中编写程序，实现联锁控制。具体要求：当水位 LI101 高于量程的 60% 时，打开放水阀 K101，但要求操作员可以按下手动开关（为 ON 时）强行将阀门关闭（提示：用自定义变量表示软手动开关）。

（2）储液罐的温度、液位控制系统组态及监控系统。

控制要求：

① 温度低于下限或按下启动加热按钮，电加热器对储液罐加热。当温度高于上限或按下停止按钮，电加热器停止加热。

② 液位要求控制在一定高度，当液位偏离设定值时，自动控制系统对液位进行自动调节。

任务分析：

用到哪些硬件？如何组态？给操作员留下哪些操作接口？如何操作？操作权限如何分配？

（3）根据工艺要求，某泵的运行状态要在监控界面上显示，请您选择卡件型号，并画出接线示意图。延伸思考：若某泵启停要求实现本地/集中两种控制方式，请考虑如何实现？

（4）根据项目一要求，整理测点清单和卡件列表。

根据测点清单和卡件列表，进行控制站、信号点组态。在信号点参数设置的同时，说明相应的硬件是否要做设置？如果需要，做何种设置？

表 1　被控对象测点列表

类型	序号	测点位号	传感器规格	卡件	地址
模入量	1				
	2				
	3				
	4				
	5				
模出量	1				
	2				
开入量					
开出量					
……					
合计					

表 2　控制站卡件列表

卡件型号	卡件名称	卡件数量	冗余	输入输出点数（每块）

表 3　I/O 卡件布置图

1	2	3	4	00	01	02	03	04	05	06	07	08	09	10	11	12	13	14	15

任务 8　操作标准画面组态

　　系统的标准画面组态是指对系统已定义格式的标准操作画面进行组态，其中包括总貌、趋势、控制分组、数据一览等操作画面的组态。

　　总貌画面每页可同时显示 32 个位号和相应位号的描述，也可作为总貌画面页、分组画面页、趋曲线页、流程图画面页、数据一览画面页等的索引。

8.1　总貌画面组态过程

　　① 在工具栏中点击 #总貌 图标，或者在菜单栏中选择：[操作站/总貌画面]，弹出总貌画面设置对话框。点击增加按钮将自动添加一页新的总貌画面，如图 1.8.1 所示。

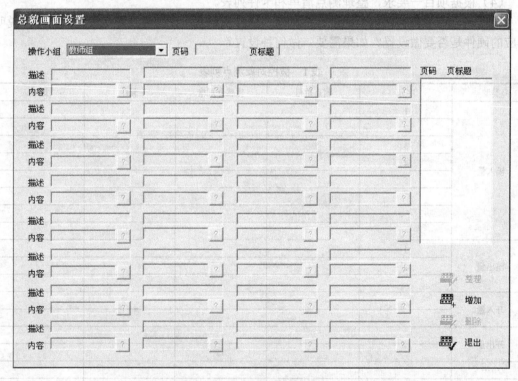

图 1.8.1　总貌画面设置界面

　　② 操作小组设为教师组。

　　③ 点击"增加"命令，设置第 1 页总貌画面。

　　④ 在页标题栏中输入页标题为"索引画面"。

　　⑤ 点击查询按钮 ？，进入查询界面，选中"控制位号"，选择控制主机地址，如图 1.8.2 所示。

　　⑥ 在"内容"空白区域键入要索引的内容。

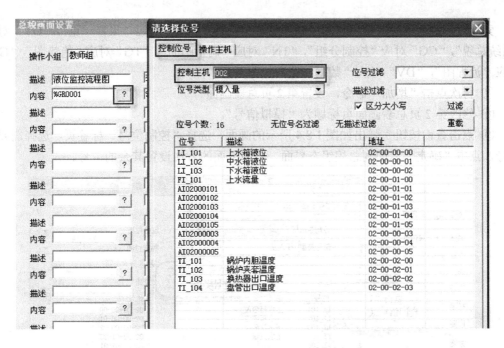

图 1.8.2　索引画面参数与控制站关联

如根据项目一要求，索引为"液位监控流程图"、"控制回路"分组画面、"数据一览"一览画面，所以在第一个"内容"处键入"%GR0001"，在第二个内容处键入"%CG0001"，在第三个内容处键入"%DV0001"，结果如图 1.8.3 所示。

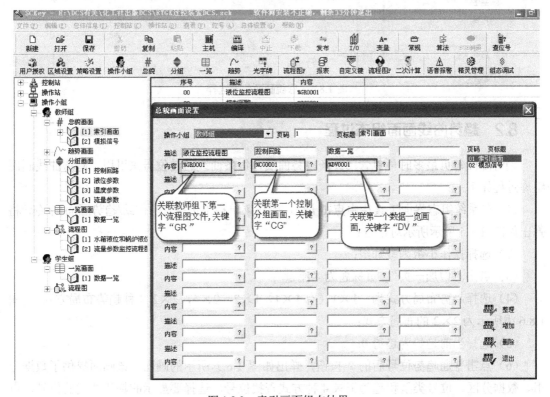

图 1.8.3　索引画面组态结果

索引时，键入内容关键字与对应画面名称分别为："AL"对应"报警一览"，"OV"对应"系统总貌"，"CG"对应"控制分组"，"TN"对应"调整画面"，"TG"对应"趋势图"，"GR"对应"流程图"，"DV"对应"数据一览"。

⑦ 再次点击"增加"命令，设置第2页总貌画面。

⑧ 修改第2页总貌画面页标题为"模拟信号"。

⑨ 点击查询按钮？弹出如图1.8.4所示的画面，选择"控制位号"标签页，选择需要的位号，点击"确定"返回到总貌组态界面。按照上面的方法设置其余的位号。

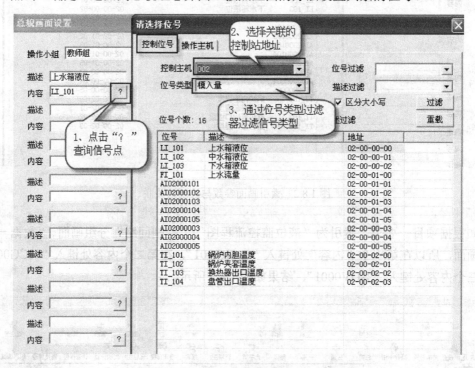

图1.8.4　总貌画面位号选择

8.2　趋势曲线画面组态过程

趋势画面每页最多时可包含 32 条趋势曲线，每条曲线通过位号来引用。趋势曲线画面组态过程如下：

（1）在系统组态界面工具栏中点击 ，或在菜单栏中选择 [操作站/趋势画面]命令，将弹出如图 1.8.5 所示所示对话框；

（2）选择操作小组为教师组；

（3）点击"增加一页"，页标题为"流量"；

（4）选择趋势布局方式为：1×1（有 1×1，1×2，2×1，2×2 4 种趋势布局方式）。图1.8.6 中所示为 2×2 的布局方式；

（5）选择当前趋势为趋势 0；

（6）点击普通趋势位号后的 ？按钮，弹出如图 1.8.7 所示的画面，该画面提供了数据分组、数据分区、位号类型和趋势记录 4 种方式查找位号。选择要显示的趋势曲线的位号，点击"确定"返回到趋势组态设置画面；

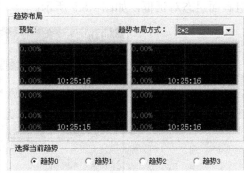

图 1.8.5　趋势组态设置界面　　　　　　　　图 1.8.6　趋势图 2×2 的布局方式

（7）点击颜色框选择该趋势曲线的显示颜色；点击"坐标"按钮设置该曲线纵坐标的上下限。按照上面的方法设置其余的流量位号；

（8）点击"趋势设置"按钮，在弹出的对话框中根据实际需要进行控件设置，如图 1.8.8 所示；

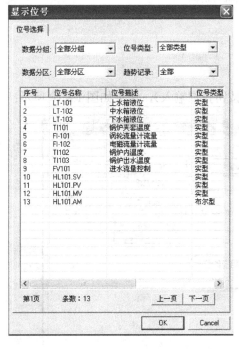

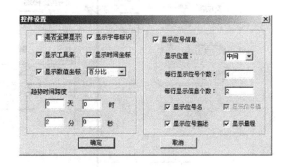

图 1.8.7　显示位号图　　　　　　　　　　图 1.8.8　控件设置

（9）点击"退出"返回到系统组态界面。

注意：要显示的趋势变量，在控制站组态时，该位号点的"趋势"参数设置中一定要勾选"趋势组态"。否则编译报错"该位号没有趋势服务"。

8.3 分组画面组态过程

分组画面每页以仪表盘形式显示 8 个位号，分组画面组态过程如下：

（1）在系统组态画面工具栏中点击 ，或在菜单栏中选择 [操作站/分组画面]，进入分组画面组态对话框，如图 1.8.9 所示；

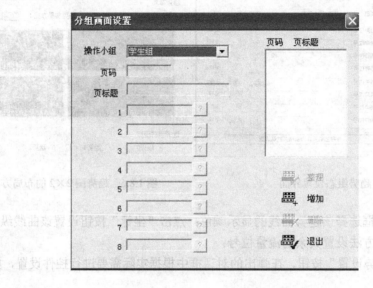

图 1.8.9　分组画面设置对话框

（2）操作小组设为"教师组"；

（3）点击"增加"命令，增加一页分组画面；

（4）在页标题一栏中输入"控制回路"；

（5）在位号栏输入相应的位号名（可通过 ? 按钮查询输入），结果如图 1.8.10 所示；

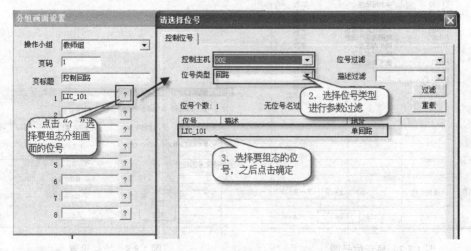

图 1.8.10　分组画面设置

（6）点击"退出"返回到系统组态界面。

8.4 数据一览画面组态过程

数据一览画面每页可同时显示 32 个实时数据。数据一览画面组态过程如下：

（1）在系统组态画面工具栏中点击 ，或在菜单栏中选择[操作站/一览画面]，进入一览画面组态对话框；

（2）操作小组设为教师组；

（3）点击"增加"命令，增加一页一览画面；

（4）在页标题栏中输入标题"数据一览"；

（5）在位号栏输入相应的位号名（可通过 ? 按钮查询输入），结果如图 1.8.11 所示；

（6）设置完后点击"退出"返回到系统组态界面。

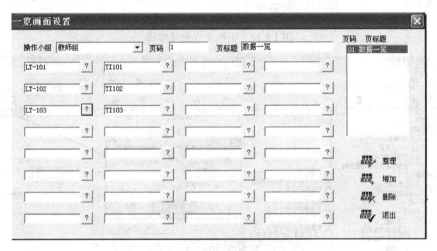

图 1.8.11 一览画面设置

至此操作站的标准画面，包括总貌画面、趋势画面、分组画面和一览画面组态完毕。可以进入监控运行界面，查看操作站标准画面运行结果。

8.5 仿真运行

在实际工程开发和教学中，经常会用到系统仿真，来检查组态的结果有无错误。

（1）对工程文件信息全体编译，其操作过程如图 1.8.12 所示。如果 SCKey 为学习版，没有授权，则编译时会提示"请在安装软件狗后进行编译"，此时点击确定即可。

（2）启动组态调试，其操作过程如图 1.8.13 所示。点击"调试运行"后，则实时监控软件 AdvanTrol 启动，在该软件启动过程中，会同时启动 FTP 服务、网络实时管理、报警历史数据记录程序等，如果此时计算机有防火墙监控软件，则要允许上述 AdvanTrol 相关软件运行。

（3）进行正确用户登录

根据 6.2.3 节和 6.2.4 节有关角色权限和用户列表设置内容，进行用户正确登录。在此以具有全部操作权限"系统维护"，选择"教师组"进行登录，登录密码就是之前设置的"111111"。登录画面如图 1.8.14 所示。

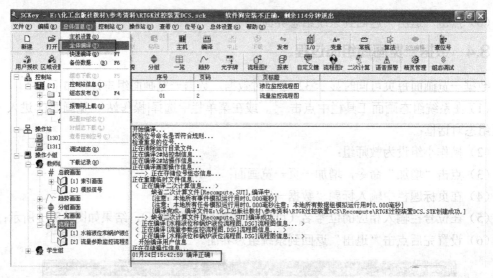

图 1.8.12　工程文件总体编译

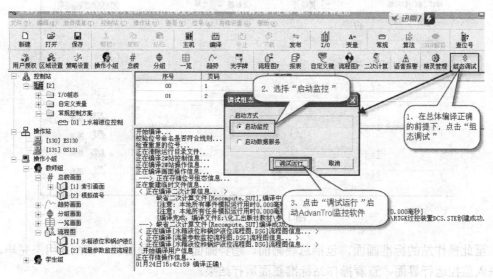

图 1.8.13　启动"组态调试"

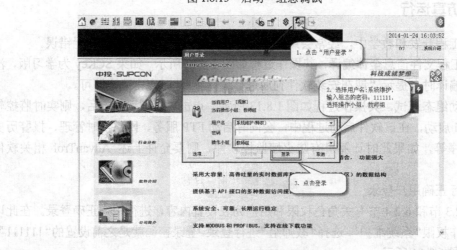

图 1.8.14　实时监控用户登录

（4）启动仿真运行

为了在组态调试时，脱离系统硬件的情况下看到组态的监控画面的动态效果，需要启动 AdvanTrol 软件仿真运行。首先鼠标点击 $ 系统图标，在弹出的系统设置对话框中选择"打开系统服务"，弹出系统服务设置对话框，再点击"设置"旁的下三角，选择"启动选项"，再勾选"仿真运行"，点击"确定"后，退出 AdvanTrol 软件，之后再进行正确的启动及登录，则 AdvanTrol 即进入仿真运行状态，点击工具栏中相应的标准画面按钮，即可查看组态的标准画面的动态效果。仿真运行设置如图 1.8.15 所示。

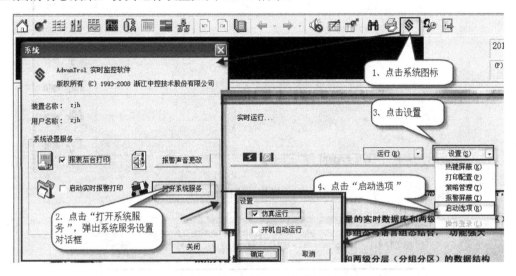

图 1.8.15 AdvanTrol 仿真运行

【思考与练习】

（1）操作站的标准画面包含哪些画面？

（2）趋势服务画面组态时有哪些要注意的问题？

任务9 流程图画面组态

流程图是控制系统中最重要的监控操作界面类型之一，用于显示被控设备对象的整体工艺流程和工作状况，并可操作相关数据量。流程图制作软件具备多种绘图功能，简单易操作，可轻易绘制出各种工艺流程图，并能设置动态效果，将工艺流程直观地表现出来。

9.1 流程图制作工具使用

9.1.1 流程图软件启动

在系统组态界面工具栏中点击图标 ，或选择菜单栏中[操作站/流程图]，进入操作站流程图设置界面。操作小组设为"教师组"，点击"增加"命令，在页标题栏中输入标题名为"水箱液位和锅炉液位流程图"，如图 1.9.1 所示。

点击"编辑"命令，进入流程图制作界面，如图 1.9.2 所示。

- 标题栏　显示正在操作文件的名称。尚未命名时，该窗口将自动被命名为"ScDrawEx"
- 菜单栏　包括文件、编辑、查看、绘图对象、调整、浏览位号、调试、工具和帮助等

9 个菜单项。

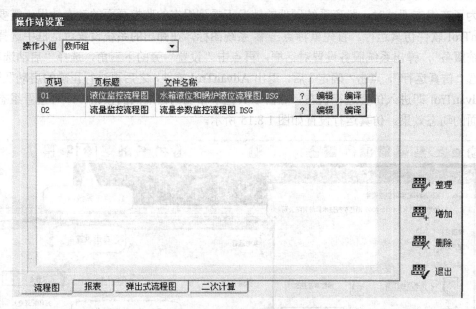

图 1.9.1 操作站流程图设置

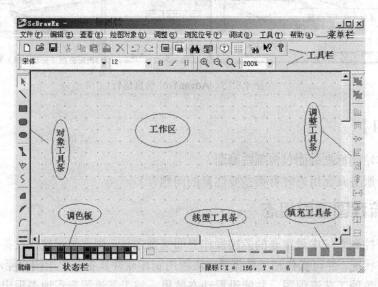

图 1.9.2 流程图制作界面

• 工作区 位于画面正中的区域，是本软件的工作区域。所有的静态操作最终都反映在作图区的变化上，该区域的内容将被保存到相应的流程图文件中。

• 状态栏 位于流程图画面的底部，显示相关的操作提示、当前鼠标在作图区的准确位置和所选取图形对象的左边框和上边框（不规则图形为其选取框）坐标、中心坐标、宽、高等信息。

• 工具栏 包括各种编辑工具和字体设置工具。

• 对象工具条 基本图形绘制工具。

• 调整工具条 图形对象调整工具。

- 调色板 图形对象颜色设置工具。
- 线型工具条 图形对象线型选择工具。
- 填充工具条 封闭图形对象填充方式工具。

9.1.2 流程图绘制工具

绘制流程图时应学会使用绘制工具，对象工具条提供绘制流程图的基本图形和部分动态控件，如图 1.9.3 所示。可通过选择[查看/工具条/ 对象工具条]来显示或隐藏此工具条。从左至右依次为选取、直线、直角矩形、圆角矩形、椭圆图形、多边形、折线、曲线、扇形、弦形、弧形、管道、文字、时间对象、日期对象、动态数据、开关量、命令按钮、位图对象、Gif 对象、Flash 动画对象、报警记录、历史趋势、模板窗口、精灵管理器。

图 1.9.3 对象工具条

对象工具分为两大类：

- 静态对象工具 选取、直线、直角矩形、圆角矩形、椭圆、多边形、折线、曲线、扇形、弦状图、弧形、管道、文字和模板窗口；
- 动态对象工具 时间对象、日期对象、动态数据、开关量、命令按钮、Gif 对象、Flash 动画对象、报警记录、历史趋势和精灵管理器。

对静态对象的操作可以立即在当前作图区看到效果；而引用动态对象时，必须进入仿真运行界面或在监控软件中查看其运行情况。

对于直角矩形、圆角矩形、椭圆、扇形、弦形、弧形、管道、时间对象和日期对象，单击工具栏上的图标（此时，光标呈十字形），再将光标移到绘图区的适当位置，单击鼠标即完成了图形对象的绘制。绘制完成后，可通过使用软件中的各种工具对图形进行设置，以达到理想的效果。要绘制多个对象，可重复以上操作。

下面详细介绍几种动态绘制工具的使用。

（1）动态数据 **0.0**

设置动态数据的目的，一方面是在流程图上可以动态显示数据的变化；另一方面是操作人员可以通过单击流程图画面中的动态数据，调出相应数据的弹出式仪表，进行实时监控。

具体操作时点击 **0.0** 按钮，在需要插入动态数据的位置（也可在插入后通过拖动选中框移动到合适的位置）单击，出现动态数据框 ??????.??，动态数据的设定步骤如下：

① 双击动态数据框或在右键菜单中选择"动态数据设置"，弹出动态数据设置对话框，如图 1.9.4 所示；

② 在"选择位号"处填入相应的位号，如果不清楚具体位号，可以单击位号查询按钮 **?** 选择 IO 位号或二次计算变量，在弹出的控制位号或显示位号选择对话框中，用鼠标左键选定所需位号，

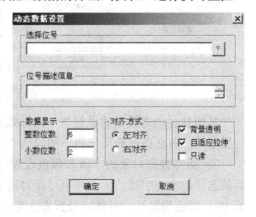

图 1.9.4 动态数据设置窗口

再单击"确定"返回。在"位号描述信息"将显示所选位号的描述信息;

③ 在"数据显示"整数/ 小数位数,设置所显示的数字将保留几位整数和几位小数。整数位数设置范围为 0 ～100,小数位数设置范围为 0～4;

④ 勾选"背景透明"项时,界面中数字的背景颜色即为绘图区画布颜色,不勾选此项时,则界面中数字的背景颜色可自定义(通过鼠标左键点击调色板中的颜色对其进行设置);

⑤ 勾选"自适应拉伸"项时,数字的大小随着其外围选取框的变化而变化,即与选取框的大小相适应;

⑥ 勾选"只读"项时,在监控中,只可观察,点击后不弹出相应的仪表画面;

⑦ 选中动态数据鼠标右键,在右键菜单中选择"动态特性",弹出动态特性设置对话框。动态数据的动态特性包含常规、前/ 背景色、显示/ 隐藏、水平移动、垂直移动、闪烁、渐变换色 7 种。

如动态显示要求:上水箱液位 LI-101 达到量程(0～50cm)的 80%以上时,液位数据背景色变为红色,且液位数据以 2 次/s 的频率闪烁,来提示操作人员液位已达上限。

首先在动态特性设置对话框中选中"闪烁",在"选择位号"下输入控制站 I/O 点中组态的上水箱液位的位号"LI-101",或通过单击位号查询按钮 ? 选择 IO 位号,之后通过点击"增加"增加动态效果设置框,按要求设置相关内容后"确定",最后要想使该动态效果生效,务必勾选"动画有效"。 其设置过程见图 1.9.5。

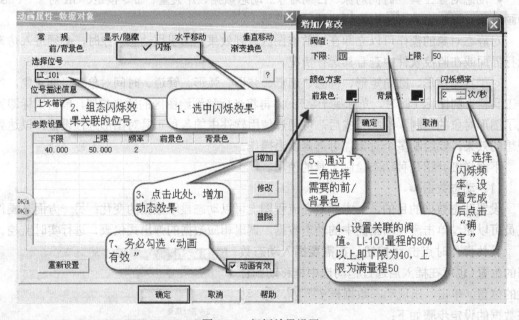

图 1.9.5 闪烁效果设置

其他几种动态效果的设置与"闪烁效果"设置过程类似,值得强调的是要想使某种动态效果生效,务必在此效果设置下的勾选"动画有效";

⑧ 动态数据对象的字体和颜色设置 选中动态数据对象,通过调色板工具条和字体工具条选择数字的字体、大小(也可在勾选"自适应拉伸"的情况下,通过拉伸选取框来改变大小)、颜色等属性。具体的设置方法见调色板工具条和字体工具条的使用;

⑨ 设置数字的立体效果,则选中该动态数据对象后,鼠标右键,选择"3D 边框",其

设置效果包括无、浮起、凹陷、风蚀和膨胀 5 种。选择任意一种，可立即在当前界面中观察到效果。

（2）开关量 ◉

图 1.9.6 动态开关设置对话框

开关量 ◉ 用于形象地显示开关量位号状态（ON 或 OFF ）。操作时点击此按钮，在需要插入开关量的位置单击，出现 ◯ ，即完成开关量的添加。开关量的设定步骤如下：

① 双击开关量对象或在右键菜单中选择"开关设置"，弹出动态开关设置对话框，如图 1.9.6 所示；

② 在"选择位号"处设置需要显示参数的位号，可以直接写入，也可点击 ? 选择 IO 位号或二次计算变量。位号选择完成后，"位号描述信息"下将显示所选位号的描述信息；

③ 点击"动态开关颜色"下颜色选择器的下三角分别设置开关按钮在不同状态下所显示的颜色及开关按钮的边框颜色；

④ 点击"形状选择"旁的下三角可选择开关按钮的形状，有圆形或方形，选择后可立即在当前界面中观察到效果；

⑤ 点击"风格选择"旁的下三角可选择开关按钮的显示风格，有"无、凹陷、凸起"三种风格，选择后可立即在当前界面中观察到效果；

⑥ 勾选"只读"项，则在监控显示时，只可观察，点击后不弹出相应的仪表画面；

⑦ 选中开关量鼠标右键，在弹出的菜单中选择"动态特性"，则弹出开关量动态特性设置对话框，包含常规、显示/ 隐藏、水平移动、垂直移动、闪烁等 5 种。 其动态效果的设置与动态数据动态效果的设置类似，同样在动态效果设置完成后，应勾选"动画有效"。

（3）命令按钮 ▢

命令按钮 ▢ 主要用于界面之间的切换及参数的设置。用户使用命令按钮工具，可以在流程图界面制作自定义键按钮。在实时监控软件的流程图画面中，操作人员可以单击该按钮来实现如翻页和赋值等功能，大大简化了操作步骤。命令按钮的设定步骤如下：

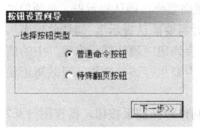

图 1.9.7 按钮设置对话框

① 点击 ▢ 按钮，然后在需要设置命令按钮的位置单击，即出现如图 1.9.7 所示对话框，可从中选择一种按钮类型；

② 选择"普通命令按钮"，点击" 下一步"，将弹出如图 1.9.8 所示的对话框；

③ 在"外观"栏设置该命令按钮的外观，如"标签"处为按钮显示的文字、"风格"处选择按钮的外形，"文字对齐方式"中设置按钮上文字的对齐方式；

④ 左键按下时：用于设置左键点击时所执行的动作。 左键弹起时：用于设置左键弹起

图 1.9.8　命令按钮设置对话框

时所执行的动作。执行的动作可以通过"选择位号"完成对已组态位号（包括 IO 位号和二次计算变量）的选择，并手动赋值。赋值的语法操作如下。

开关位号赋值：

- {开关量位号名称}=ON　；将开关量位号置 ON 值；
- {开关量位号名称}=OFF　；将开关量位号置 OFF 值；

控制回路手/ 自动切换：

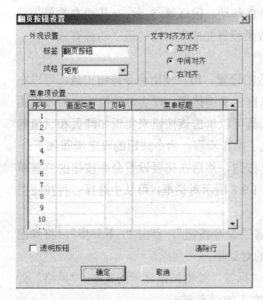

图 1.9.9　翻页按钮设置对话框

- {回路位号名称}.AUT=ON；设置相应回路为自动；
- {回路位号名称}.AUT=OFF；设置相应回路为手动；

确认提示内容：用于设置确认提示框中所显示的内容。 如果需要弹出确认提示框，必须勾选"命令按钮点击时需要确认提示"。勾选此项表示命令按钮点击时会弹出"确认提示内容"中的信息，提示用户是否要执行该步操作，有效防止误操作；

⑤ 如果要制作特殊翻页按钮，需在图 1.9.7 中选择"特殊翻页按钮"，并点击"下一步"，将弹出如图 1.9.9 所示对话框；

⑥ 在外观设置"标签"处，设置翻页命令按钮的标题，在"风格"处选择其外观，在"文字对齐方式"处设置按钮上文字的对齐方式；

⑦ 在菜单项设置中设置该翻页按钮所弹出的菜单项。

• 画面类型 双击画面类型下的空白处，弹出如图 1.9.10 所示的列表框，在其中选择所需的画面类型。

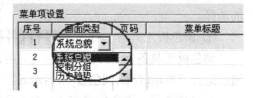

图 1.9.10 选择画面类型

• 页码 为画面类型中对应的页数。页码默认为 1，用户也可自己填入。

• 菜单标题 描述该项菜单的内容，可写入任意字符。如果为空，则在监控中显示为"××××第×页"。在监控时点击所设置的按钮，可以方便地进行界面切换。

⑧ 选中"透明按钮"选项，则在监控中，按钮不可见，只当鼠标移到按钮上方时，才出现选中框。

按钮设置完成后若需修改，双击该按钮或从右键菜单选择"按钮设置"，即可重新设置。

（4）矩形填充

在工业生产中储液罐、锅炉等设备的液位高低不仅需要动态数据显示，还经常需要在流程图中以柱状图的形式直观形象地显示出来，要实现这种功能经常用到矩形填充。

① 在对象工具条中选取直角矩形 ▉ ，放置在工作区。

② 通过调色板设置矩形的边框色和内部填充色，通过线型工具条设置边框的线型和线宽。

③ 右键矩形，选择"动态特性"打开直角矩形的动画属性设置对话框，如图 1.9.11 所示。如果要显示液位的填充情况，通常设置 "比例填充"选项。通过位号选择关联流程图与现场传感器的信号，通过设置"填充参数"来匹配现场传感器信号与流程图填充比例。为了使现场的工程量达到最大值时，流程图上液位填充也显示满罐，则"填充参数最大值"对应现场工程量的量程上限，而且"最大填充百分比"应对应"100%"。现场常用的填充方向为上下填充。其主要动态设置过程如图 1.9.11 所示。

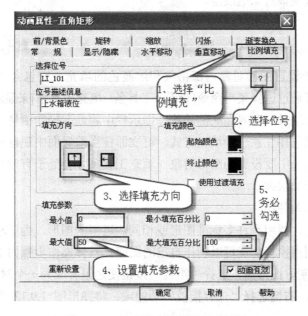

图 1.9.11 矩形填充属性设置对话框

（5）样式工具的使用

使用样式工具栏，可完成常用标准模板的添加，以及对颜色、填充方式、线型、线宽等的选择。

① 调色板工具条 —

调色板工具条位于界面的左下角，用于设置图形对象的边框/文本颜色和内部填充色，可通过选择菜单项[查看/调色板]来显示或隐藏此工具条。

● 颜色选择 调色板共有 28 个不同颜色的色块。先选中需要设置颜色的图形对象，然后用鼠标左键单击某一色块，则选择该色块为当前对象的内部填充颜色；而用鼠标右键点击某一色块，则选择该色块为当前对象的边框/文本颜色。当图形为线形和文本对象时，鼠标左键选择色块无效（因为不存在内部填充颜色），只有鼠标右键选择色块才有效。当完成颜色选择后，可立即在当前界面中观察到所选择的效果。

● 当前颜色示意块 即调色板左端的回形框。此回形框的外围颜色表示当前对象的边框/文本颜色，内部颜色表示当前对象的内部填充颜色。回形框的颜色显示状态将随着"颜色选择"而改变。双击此回形框可弹出对象颜色对话框，背景色表示对象内部填充颜色，前景色表示边框/ 文本颜色。单击颜色框会弹出颜色选择方案。对象颜色对话框中的当前颜色方案为上次选择后保留的方案，而不是当前选择的图形对象的颜色方案。通过选择前/ 背景色（也可以通过吸管吸取其他颜色）也可完成颜色选择操作，并且可以有更多的颜色选择方案。

② 线型工具条—

线型工具条用于设置边框和线形对象的线条形式，可通过选择菜单[查看/工具条/线型工具条]来显示或隐藏此工具条。从左至右依次为无线型、虚线、点线、点画线、双点画线、实线和 5 种形式的线宽。通过鼠标左键选择任意一种线型，可立即在当前界面中观察到效果。注意，在选择线型之前需先选中要设置的图形对象，否则线型工具条处于灰掉状态。对于矩形、圆形等图形对象来说，改变线型指的是改变该对象的边框线型。对于直线和文本对象来说，改变线型就是改变该对象的线型。

③ 填充工具条

填充工具条用于设置图形对象内部格纹和过渡色的填充，它包含 8 种格纹样式和 14 种过渡填充方式。可通过选择菜单命令[查看/ 工具条/ 填充工具条]来显示或隐藏此工具条。当鼠标处于任一式样块时，在界面底部的状态提示栏中将显示操作信息，指出其为何种填充方式。通过鼠标左键选择任意一种填充方式，可立即在当前界面中观察到效果。注意，在选择填充方式之前需先选中要设置的图形对象。填充工具条才会处于有效状态，如果不选中对象，填充工具条为灰掉状态。

（6）图库的制作与使用

在流程图绘制中，要用到许多标准图形或相同、近似的图形。为了减少工作量，避免不必要的重复操作，利用模板功能可以制作自己的图库。具体操作步骤如下：

① 在作图区绘制好图形后，选择"组合"按钮使之组合成为一个对象；

② 选中该对象，右键选择"保存模板"功能项，将弹出图 1.9.12 所示保存到模板文件的对话框。

通过模板存放路径下面的 ? 按钮可以选择存放模板的文件夹的路径，然后选择要存放的模板文件夹（注意新的模板务必放入用户新建的文件夹中，而不能放入原有的文件夹中），并在模板名称栏中写入新建模板名称，确定后将弹出保存模板成功的提示框即完成模板保存。

注意新的模板最好放入用户新建的文件夹中，而不放入原有的文件夹中，这样方便自定义图库文件的查找。

③使用图库元件

在绘制流程图时，经常需要直接调用图库中现成的模板。点击工具栏中 ▨ 按钮或选择菜单栏中的[工具/模板窗口]，弹出如图 1.9.13 所示的对话框。在窗口左边信息树上单击选择文件夹，即可在右边模板库中看到相应的模板，鼠标右键需要的元件，右键选择"导出"，即可将图形模板拷入绘图区。用户可以根据需要改变大小并移动位置。

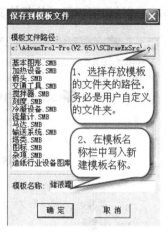

图 1.9.12　保存到模板文件对话框

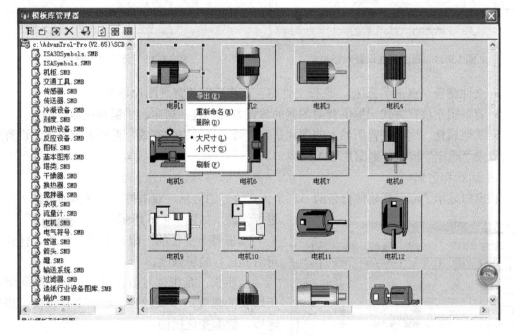

图 1.9.13　模板库元件

9.2　画面属性设置

为了获得更好地监控效果，需要进行画面的一些属性设置。点击菜单栏中"工具"选项，选择"画面属性"，弹出如图 1.9.14 所示对话框，在此可以修改有关画面、图形对象以及仿真位号的默认信息。

① 窗口尺寸的置

用于设置窗口的宽、高以及流程图背景色。 注意为了使流程图监控画面在操作员站上全屏显示，此处设置的窗口尺寸一定要与操作员站的显示器尺寸对应，否则在操作员监控界面会出现未占满全屏或显示不完整。

② 背景图片

通过该窗口可以从其他文件夹中导入图片，如图 1.9.15 所示。

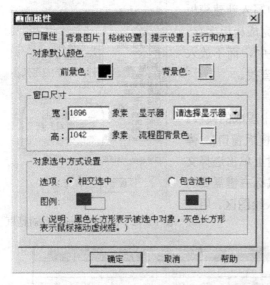

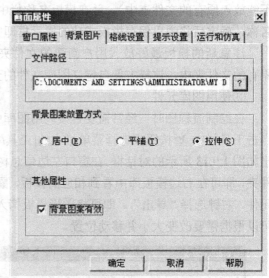

图 1.9.14　画面属性设置对话框　　　　　　图 1.9.15　背景图片设置

- 文件路径　点击 **?** 图标，选择文件路径，将所需的背景图片导入。
- 背景图案放置方式　提供背景图案的放置方式，包括居中、平铺和拉伸。
- 其他属性　用于设置所导入的图片是否有效。打勾表示有效，否则表示无效。设置完成后点击"确定"按钮，则图片导入完成。

③ 运行和仿真

该窗口显示了流程图软件自带的 32 个仿真位号的信息，双击每一个具体的数据可对其进行修改，如图 1.9.16 所示。

图 1.9.16　运行和仿真设置

双击每个变量的下限、上限、步长、样式，可对其进行编辑修改。

- 步长：是指位号值在每个画面刷新间隔内所增长的幅度；步长越长，数据变化越快，步长越短，数据变化越慢。
- 样式：是指位号值的变化方式：包括循环和振荡。振荡是指位号变化到上限时按变化规律开始减小到下限值，循环是指位号变化到上限值后又从下限值开始变化。仿真储液罐液位变化时，常采用振荡。
- 画面刷新速率：是指步长运动的快慢。当刷新速率较高时，位号值从下限增长到上限的时间较短。画面刷新速率的范围为 100～1000 ms。

④ 仿真运行

若要在组态环境下，查看流程图的动态效果，可以对流程图进行仿真运行，此时，组态有动态效果的变量必须关联流程图软件自带的仿真位号。当流程图编辑完成后，可以选择菜单[调试/仿真运行]进行仿真测试。处于仿真运行时，只需在菜单栏中选择[切换到/ 设计模式]即可切换到流程图的编辑状态。

9.3 流程图文件与工程文件关联

按工艺要求绘制完流程图后，点击"保存"命令，弹出保存路径选择对话框，选择保存路径为组态文件夹下的 FLOW 子文件夹，并输入文件名。如图 1.9.17。

点击"保存"命令，返回到流程图制作界面。返回到图 1.9.1 所示操作站流程图设置界面。在文件名称一栏中点击查询按钮 ，弹出流程图文件选择对话框，如图 1.9.18 所示。

图 1.9.17 保存文件   图 1.9.18 选择流程图文件

选中"水箱液位和锅炉液位流程图"，点击"选择"按钮，返回到图 1.9.1 所示操作站流程图设置界面，完成流程图文件与工程文件关联。

点击图 1.9.1 中的"编译"进行流程图的编译工作，如果编译不正确，则会显示错误信息，根据提示的错误信息，进行修改，直到编译完全正确。

再次点击"增加"命令，重复上述步骤，设置制作液位监控流程图和流量监控流程图等其他流程图。

所有流程图组态完成后，点击"退出"返回到系统组态界面。

9.4 流程图制作流程

使用流程图制作软件绘制流程图，并通过 SCKey 系统组态软件编译后在 AdvanTrol 监控软件中运行，这样有助于更快地掌握流程图制作方法。

一般在制作流程图时，应按照以下流程进行：

（1）在组态软件中进行流程图文件登录；

（2）启动流程图制作软件；

（3）设置流程图文件版面格式（大小、格线、背景等）；

（4）根据工艺流程要求，用静态绘图工具绘制工艺装置的流程图；

（5）根据监控要求，用动态绘图工具绘制流程图中的动态监控对象；

（6）绘制完毕后，用样式工具完善流程图；

（7）保存流程图文件至硬盘上，以登录时所用文件名保存，关联工程文件与流程图文件；

（8）在组态软件中进行组态信息的总体编译，生成实时监控软件中运行的代码文件。

【思考与练习】

（1）流程图制作中会用到哪几种动态绘制工具？各实现何种功能？

（2）如何实现流程图文件和工程文件的关联？

（3）流程图绘制的一般步骤是什么？

任务 10 数据报表组态

在工业控制系统中，报表是一种十分重要且常用的数据记录工具。它一般用来记录重要的系统数据和现场数据，以供工程技术人员进行工艺分析或系统状态检查。

SCFormEx 报表制作软件是全中文界面的制表工具软件，是 AdvanTro-Pro (V2.65)软件包的重要组成部分之一，具有全中文化、视窗化的图形用户操作界面。制作完成的报表文件应保存在系统组态文件夹下的 Report 子文件夹中。

10.1 启动报表制作界面

在系统组态界面工具栏中点击图标 ^{报表}，或选择菜单[操作站/报表]选项，进入操作站报表设置对话框，在对话框中点击"增加"命令，增加一个报表，如图 1.10.1 所示。

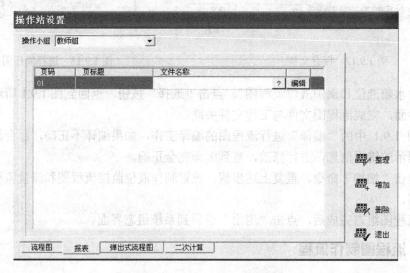

图 1.10.1 操作站报表设置对话框

在图 1.10.1 中，对报表文件名的直接定义无意义。如果直接定义文件名，点击"编辑"进入 SCFormEx 编辑界面后，再选择菜单[文件/另存为]将报表文件存到工程文件夹中的 Report 子文件夹下，并且文件名必须与直接定义的文件名相同。

或者与流程图文件关联的操作类似，可直接点击编辑按钮进入相应的报表制作界面。报表制作完毕后选择保存命令，将组态完成的报表文件保存在工程文件夹下的 Report 子文件夹中，通过点击 ? 进行选择关联。

点击"编辑"按钮进入报表制作界面，如图 1.10.2 所示。窗口主要由标题栏、菜单栏、工具栏、制表区、信息栏和滚动条（上下、左右）等几部分组成。

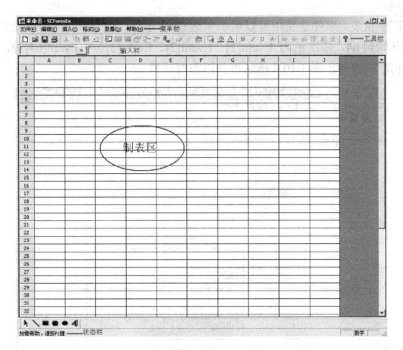

图 1.10.2　报表制作界面

10.2　SCFormEx 制作报表

自动报表系统分为报表制作和实时运行两部分。其中，报表制作部分在 SCFormEx 报表制作软件中实现，实时运行部分与 AsvanTrol 监控软件集成在一起。SCFormEx 软件从功能上分制表和报表数据组态两部分。

10.2.1　制表

制作报表的第一步就是制作报表格式。可以通过报表软件提供的各种表格制作工具、文字工具和图形工具等，达到报表的实用和美观效果。

报表制作功能的设计采用了与 EXCEL 类似的组织形式和功能分割。该软件具有与 EXCEL 类似的表格界面，并提供了诸如单元格添加、删除、合并、拆分及单元格编辑、自动填充等较为齐全的表格编辑操作功能，且其操作和功能定义均与 EXCEL 类似，使用户能够方便、快捷地制作出各种类型格式的表格。

用户可根据实际需要或美观效果，将报表的第一整行或第一行的大多数单元格或前几行合并为一个单元格，在单元格内写入表头文字（包括报表的标题、制表时间、班组等）以及用户需要的一些信息，即完成了表头的创建，如图 1.10.3 所示。

10.2.2　报表数据组态

报表数据组态主要通过报表制作界面的"数据"菜单及填充功能来完成。组态包括事件定义、时间引用、位号引用、报表输出、填充 5 项，主要是通过对报表事件的组态，将报表与 SCKey 组态的 I/O 位号、二次变量以及监控软件 AdvanTrol 等相关联，使报表充分适应现代工业生产的实时控制需要。

（1）事件定义

事件定义用于设置数据记录、报表产生的条件，系统一旦发现事件信息被满足，即记录数据或触发产生报表。事件定义中可以组态多达 64 个事件，每个事件都有确定的编号，事件的编号从 1 开始到 64，依次记为 Event[1]、Event[2]、Event[3]……Event[64]等，点击菜单命令[数据/事件定义]将弹出图 1.10.4 所示事件组态对话框。

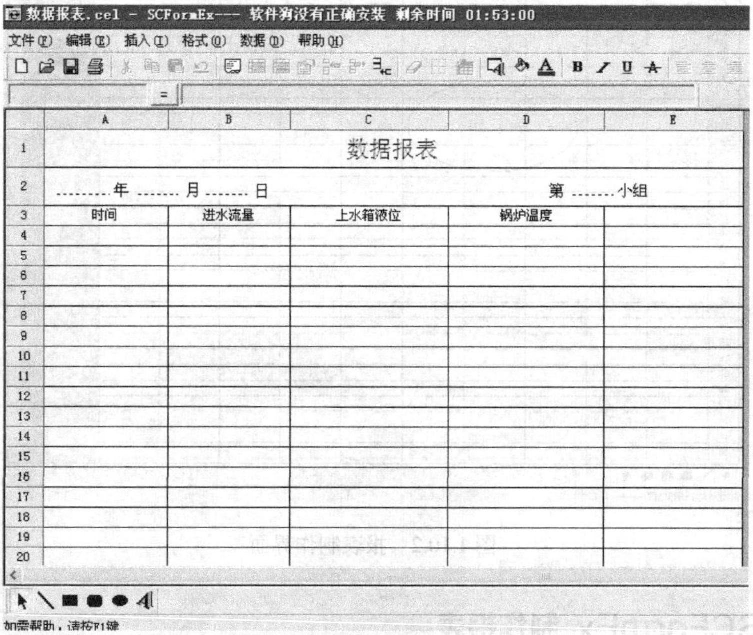

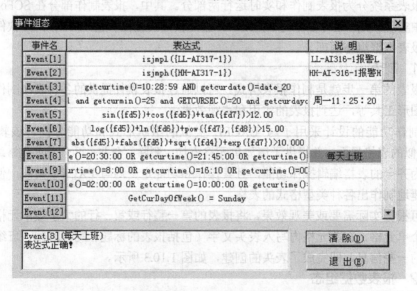

图 1.10.3　报表表头

图 1.10.4　事件组态对话框

　　事件定义的表达式可由操作符、函数、数据等标识符任意组合而成，表达式所表达的事件结果必须为布尔值。用户填写完表达式后，回车以确认。如果表达式正确，则在事件组态对话框左下角的状态栏中提示"表达式正确！"；如果表达式中包含未声明或不存在的位号，则提示"表达式错误：无效位号"；如果表达式含有其他错误，则提示"表达式错误：不可辨识的标识符"。

事件定义中可以使用的操作符及其功能说明，如表 1.10.1 所示。

表 1.10.1 事件定义操作符及其功能说明

序 号	操 作 符	功 能 说 明
1	(	左括号
2	)	右括号
3	,	函数参数间隔号
4	+	正号
5	−	负号
6	+	加法
7	−	减法
8	*	乘法
9	/	除法
10	>	大于
11	=	等于
12	<	小于
13	>=	大于或等于
14	<>	不等于
15	<=	小于或等于
16	Mod	取余
17	Not	非
18	And	并且
19	Or	或
20	Xor	异或

事件定义中的函数定义（函数名不区分大小写），如表 1.10.2 所示。

表 1.10.2 函数定义表

序号	函 数 名	参数个数	函 数 说 明	功 能
1	Abs	1	输入为 INT 型，输出为 INT 型	求整数绝对值
2	Fabs	1	输入为 FLOAT 型，输出为 FLOAT 型	求浮点绝对值
3	Sqrt	1	输入为 FLOAT 型，输出为 FLOAT 型	开方
4	Exp	1	输入为 FLOAT 型，输出为 FLOAT 型	自然对数的幂次方
5	Pow	2	输入为 FLOAT 型，输出为 FLOAT 型	求幂
6	Ln	1	输入为 FLOAT 型，输出为 FLOAT 型	自然对数为底的对数
7	Log	1	输入为 FLOAT 型，输出为 FLOAT 型	取 10 为底的对数
8	Sin	1	输入为 FLOAT 型，输出为 FLOAT 型	正弦
9	Cos	1	输入为 FLOAT 型，输出为 FLOAT 型	余弦
10	Tan	1	输入为 FLOAT 型，输出为 FLOAT 型	正切
11	GETCURTIME	0	输出为 TIME_TIME 型	当前时间
12	GETCURHOUR	0	无输入，输出为 INTEGER 型	当前小时
13	GETCURMIN	0	无输入，输出为 INTEGER 型	当前分
14	GETCURSEC	0	无输入，输出为 INTEGER 型	当前秒
15	GETCURDATE	0	无输入，输出为 TIME_DATE 型	当前日期
16	GETCURDAYOFWEEK	0	无输入，输出为 TIME_WEEK 型	当前星期
17	ISJMPH	1	输入为 BOOL 型，一般为位号，输出为 BOOL 型	位号是否为高跳变
18	ISJMPL	1	输入为 BOOL 型，一般为位号，输出为 BOOL 型	位号是否为低跳变

表达式的使用举例：

- Getcurhour——getcurhour()mod 2 = 0 当小时数为 2 的整数倍（0、2、4、…22、24 点）时。

- Getcurmin——getcurmin() = 28 当时间为 28 分时；getcurmin () = 5 and getcurhour() = 2 当时间为 2.05 时。

- Getcurtime——getcurtime ()= 10:30:00 当时间为 10.30 时。

- Isjmph ——isjmph（{kaiguanliang}），"kaiguanliang"是一个开关量位号名称，此表达式的含义是开关量信号"kaiguanliang"发生向上跳变时。

- Isjmpl——isjmpl({kaiguanliang})，开关量信号"kaiguanliang"发生向下跳变时。

（2）时间引用

时间引用用于设置一定事件发生时的时间信息。时间量记录了某事件发生的时刻，在进行各种相关位号状态、数值等记录时，时间量是重要的辅助信息。

时间量组态步骤如下。

① 选择菜单命令[数据/时间引用]，弹出时间量组态窗口，如图 1.10.5 所示。

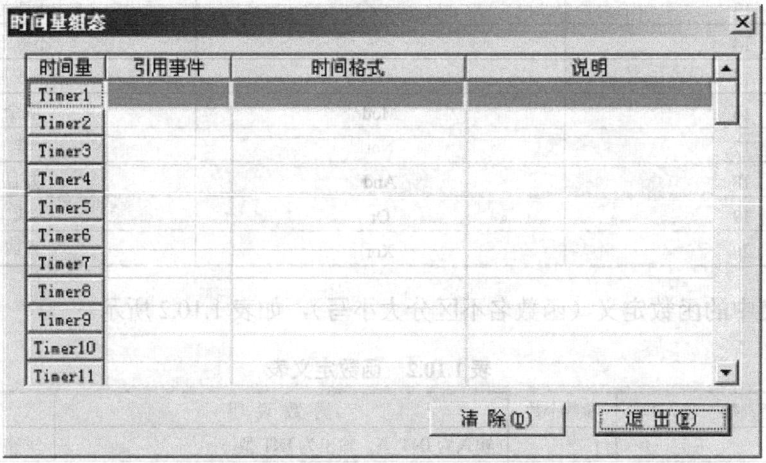

图 1.10.5 时间量组态窗口

② 组态时间量 双击 Timer1 后面的引用事件条，组态完的事件将全部出现在下拉列表中，选择需要的事件（若希望 Timer1 代表事件 1 为真时的时间，就在此处选择 Event[1]），按下回车键确认。在引用事件时也可不选择已经组态完的事件，而是使用 No Event ，这样，时间量的记录将不受事件的约束，而是依据记录精度进行时间量的记录，按照记录周期在报表中显示记录时间，按下回车键确认。双击 Timer1 后面的时间格式条，在下拉列表中根据实际需要选择时间显示方式，回车确认（注意，在这里输入表达式后必须按下回车键确认，否则输入的信息将不被保存），如图 1.10.6 所示。

③ 设置时间量说明 双击 Timer1 后面的说明条，输入注释的文本，按回车键确认。

④ 退出 设置完成后，点击退出即关闭组态窗口。

在 SCFormEx 报表制作中用户最多可对 64 个时间量进行组态，组态完成后即可在报表编辑中引用这些编辑完的时间量。

（3）位号引用

在位号量组态中，用户必须对报表中需要引用的位号进行组态，以便能在事件发生时记录各个位号的状态和数值。

图 1.10.6   事件与时间设置

位号量组态的过程如下：

① 选择菜单命令[数据/位号引用]，弹出对话框如图 1.10.7 所示；

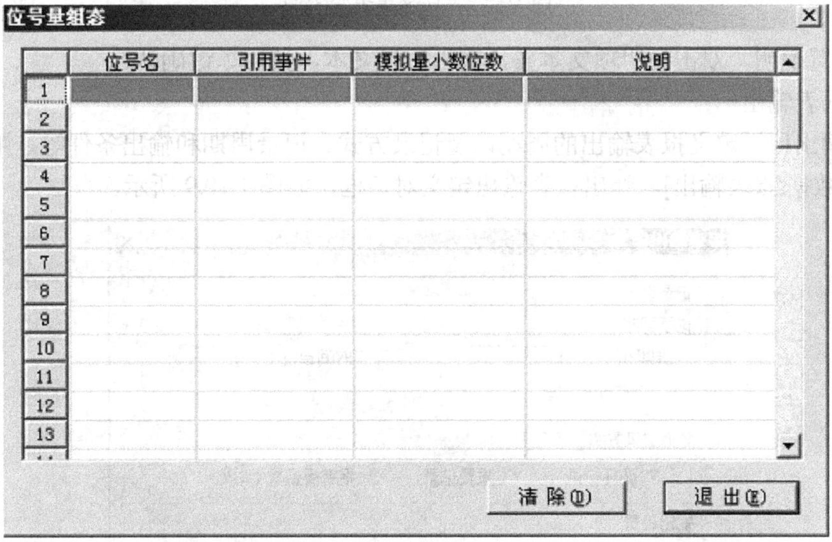

图 1.10.7   位号量组态窗口

② 组态位号量   双击 1 后面的位号名便可以直接输入位号名，或者通过点击···按钮来选择 I/O 位号和二次计算变量，分别将弹出对应的位号选择对话框，根据需要选择即可。

注意：在输入或选择完成后必须按回车键确认，否则无效；

③ 组态相关项   如果需要引用事件，可以双击引用事件条来选择事件，与时间量组态时引用事件的方法相同。模拟量小数位数即需要显示的小数位数，双击对应的文本框，输入相应数字并回车确认，结果如图 1.10.8 所示：

图 1.10.8 中位号 LT0102、LT0103、LT0104 引用事件为 Event[2]，表示当 Event[2]为真时系统按照报表的输出组态记录位号的数值，在报表中将显示到小数点后第 2 位数。位号 APT0303 等位号引用事件为 No Event，表示位号完全按照输出组态中的设置进行记录，而不

97

受任何事件条件的制约；

	位号名	引用事件	模拟量小数位数	说明
1	APT0303	No Event	2	
2	APT0304	No Event	2	
3	APT0305	No Event	2	
4	APT0306	No Event	2	
5	APT0307	No Event	2	
6	APT0308	No Event	2	
7	APT0309	No Event	2	
8	APT0310	No Event	2	
9	LT0102	Event[2]	2	
10	LT0103	Event[2]	2	
11	LT0104	Event[2]	2	
12				
13				

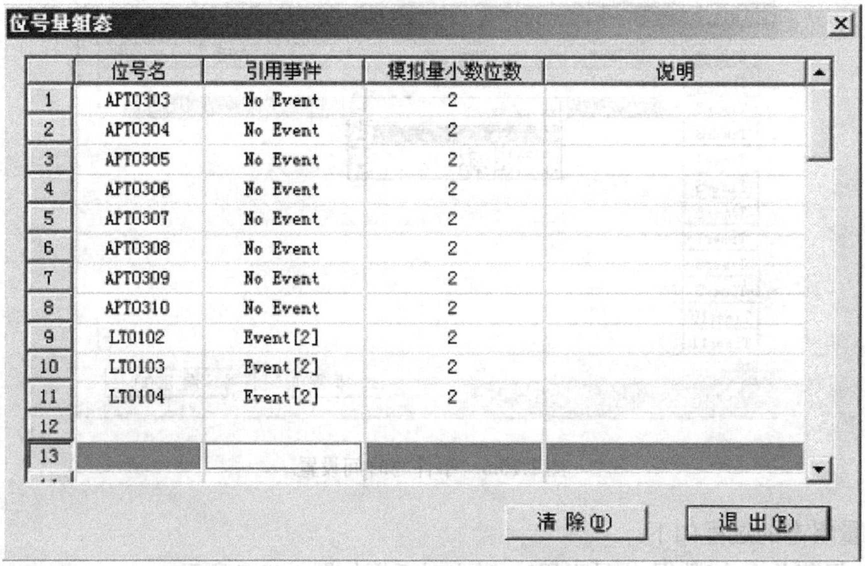

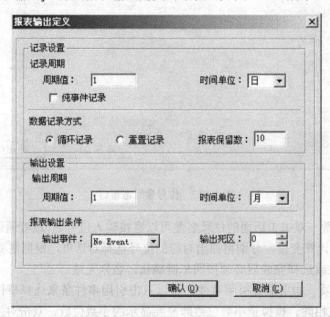

图 1.10.8 位号量组态示例

④ 设置说明 双击说明项文本条，输入注释文本，按回车键确认。

（4）报表输出

报表输出用于定义报表输出的周期以及记录方式、记录周期和输出条件等。用鼠标单击菜单命令[数据/报表输出]，弹出报表输出定义对话框，如图 1.10.9 所示。

图 1.10.9 报表输出定义对话框

① 记录设置

- 记录周期 对报表中组态完成的位号及时间量进行数据采集的周期设置。当输入的周期值超过范围，则输入被系统视为无效，不能写入对话框。记录周期必须小于输出周期，输出周期除以记录周期必须小于 5000。记录周期的时间单位有日、小时、分、秒 4 种。

- 纯事件记录　开始运行后，没有事件为真，则不对相关的任何时间变量或位号量进行数据记录，直到某个与添加变量相关的事件为真时，才进行数据记录。其中，引用的触发事件为真的时间变量或位号量的真实值将被记录，引用的触发事件不为真的时间变量或位号量将在本次记录中被记下一个无效值。

- 数据记录方式　用户可以为报表输出确定其数据记录方式，分为循环记录或重置记录。

循环记录是指在输出条件满足前，系统循环记录一个周期的数据，即系统在时间超过一个周期后，报表数据记录头与数据记录尾的时间值向前推移，保证在报表满足输出条件输出时，输出的报表是一个完整的周期数据记录，且报表尾为当前时间值；如果事件输出条件满足时，未满一个周期，则输出当前周期的数据记录。

重置记录是指如果报表在未满一个周期时满足输出条件，输出当前周期数据记录，如果系统已记录了一个周期数据，而输出条件尚未满足，则系统将当前数据记录清除，重新开始新一个周期的数据记录。

周期方式下输出的总是一个完整周期的数据记录；而重置周期方式下则不一定。重置周期方式下，报表输出记录头是周期的整数倍时间值；而循环周期方式下，记录头可以为任何时间值。

- 报表保留数　报表份数的限制设定是为了防止产生大量的历史报表而导致硬盘空间不足。报表保留数范围为 1～10000，用户可根据实际需要设定。

② 输出设置

- 输出周期　当报表输出事件为 No Event 时，按照输出周期输出。若输出周期为 1 天，则当 AdvanTrol 启动后，每天将产生一张报表；当报表定义了输出事件时，则由事件触发来决定报表的输出，输出事件只是为报表输出提供一个触发信号，在报表已经开始输出后，即使触发事件为假也不会影响报表的继续输出。在报表输出定义中，输出周期的时间单位有月、星期、日、小时、分、秒 6 种。

- 报表输出条件　用户可使用在事件组态中定义的事件作为输出条件。在此定义的输出事件条件优先于系统缺省条件下的一个周期的输出条件，亦即当定义的输出事件未发生时，即使时间已达到或超过一个周期了，仍然不输出报表；相反，如果定义的输出事件发生，即使时间上尚未达到一个周期，仍然会输出一份报表。报表输出死区的单位是秒。当报表输出条件中输出事件定义为 No Event 时，历史报表即按照输出周期输出，与死区无关。当报表输出条件中输出事件不是 No Event 时，历史报表的生成时间与输出事件和死区有关，当该事件发生并输出报表后，在死区时间内，即使该事件再次发生，也不输出报表。

10.3　报表编辑实例

10.3.1　报表制作流程

报表制作流程可以归纳为：进入操作站报表设置界面；选择报表归属（操作小组）；进入报表制作界面；设计报表格式；定义与报表相关的事件；时间引用组态；位号引用组态；报表内容填充；报表输出设置；保存报表；执行报表与系统组态的联编。

10.3.2　具体示例

根据下面的要求，创建一份报表文件。

- 每 10min 采集记录一次数据。
- 每天 8 点钟产生一份报表并输出。
- 报表中的数据记录到其真实值后面两位小数。

报表制作过程如下：

（1）在系统组态界面工具栏中点击图标 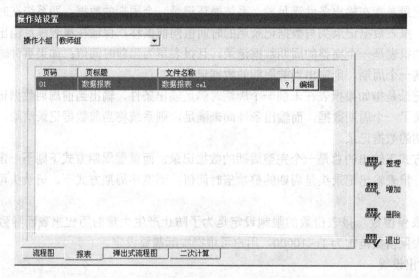进入操作站报表设置对话框，在对话框中点击"增加"命令，增加一个报表，在"页标题"栏中输入"数据报表"；

（2）将操作小组设为教师组，如图 1.10.10 所示；

图 1.10.10　添加报表文件对话框

（3）单击编辑进入报表制作界面，如图 1.10.2 所示；

（4）设计报表格式如图 1.10.3 所示；

（5）单击菜单命令[数据/事件定义]，打开事件组态窗口，双击窗口中 Event[1]行后"表达式"下的单元格，输入表达式：getcurtime()=8:00，按回车键确认，在"说明"单元格下可输入对该事件的定义说明，按回车键确认，如图 1.10.11 所示；

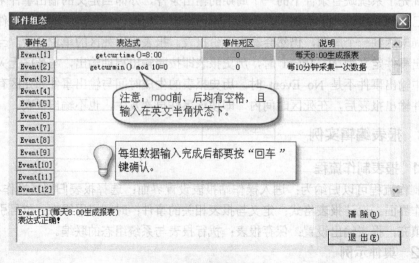

图 1.10.11　事件组态

注意："mod"前后均有空格;

（6）单击"退出"按钮，返回到报表组态界面;

（7）单击菜单命令[数据/时间引用]，打开时间量组态窗口，双击图中 Timer1 行"时间格式"下方的单元格，从下拉列表中选择"xx:xx:xx"，按回车键确认，如图 1.10.12 所示;

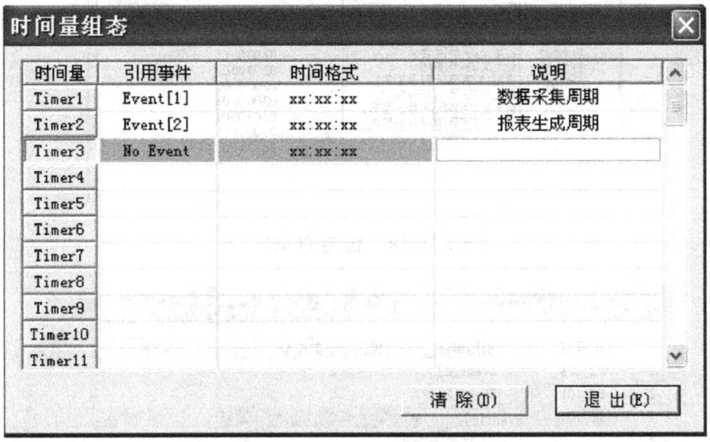

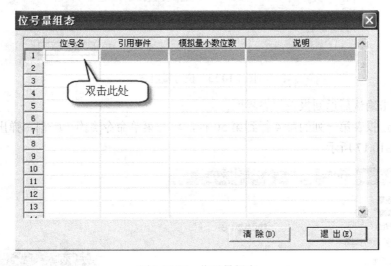

图 1.10.12　时间量组态

（8）单击"退出"按钮，返回到报表组态界面;

（9）单击菜单命令[数据/位号引用]，弹出位号量组态窗口，如图 1.10.13 所示;

图 1.10.13　位号量组态

（10）双击"位号名"下方的单元格，将会在右侧出现一个按钮，单击此按钮可以打开位号查询窗口如图 1.10.14 所示;

（11）选择需要报表记录的位号放入到位号量组态表中（注意：任何数据输入完成后都要按"回车"键确认），如图 1.10.15 所示;

（12）单击"退出"按钮，返回到报表组态界面;

（13）单击菜单命令[数据/报表输出]，弹出报表输出定义对话框，完成报表输出设置，如图 1.10.16 所示（报表输出与 Event[1]关联后，报表将在每天的 8 点整输出）;

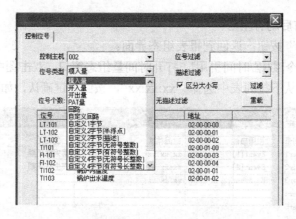

图 1.10.14　位号查询窗口

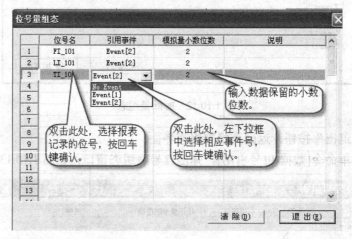

图 1.10.15　位号量组态

（14）单击确认后返回报表组态界面；

（15）选定报表第一列的第 4 行到第 50 行，单击菜单命令[编辑/填充]，弹出填充序列对话框，如图 1.10.17 所示；

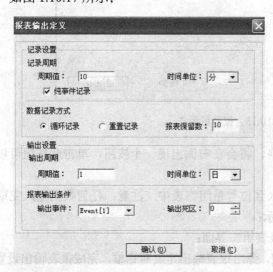

图 1.10.16　报表输出定义

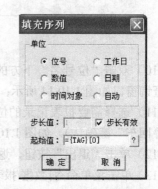

图 1.10.17　填充序列

（16）在填充序列中选择“时间对象”，默认起始值为 Timer1[0]，单击“确定”如图 1.10.18 所示；

	A	B	C	D	E
1	数据报表				
2	........年 ....月 ....日			第 ....小组	
3	时间	进水流量	上水箱液位	锅炉温度	
4	=Timer1[0]				
5	=Timer1[1]				
6	=Timer1[2]				
7	=Timer1[3]				
8	=Timer1[4]				
9	=Timer1[5]				
10	=Timer1[6]				
11	=Timer1[7]				
12	=Timer1[8]				
13	=Timer1[9]				
14	=Timer1[10]				
15	=Timer1[11]				
16	=Timer1[12]				
17	=Timer1[13]				
18	=Timer1[14]				
19	=Timer1[15]				
20	=Timer1[16]				

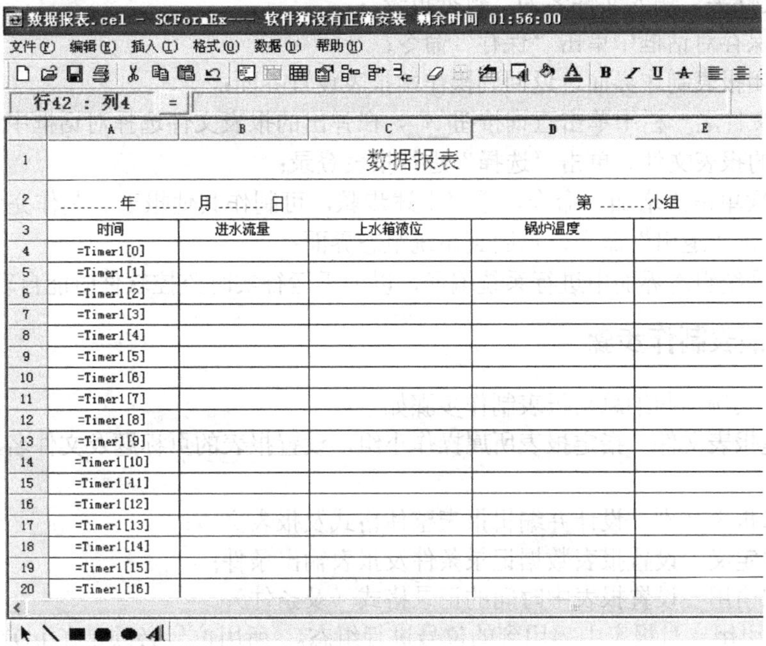

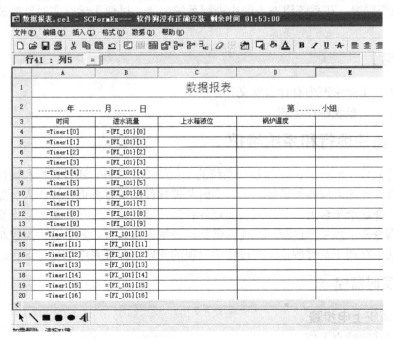

图 1.10.18　报表界面 1

（17）选定第二列的第 4 行到第 50 行，单击菜单命令[编辑/填充]，弹出填充序列对话框；

（18）在填充单位中选中“位号”复选框，再单击起始值后面带有问号的按钮，选择位号 FI-101，单击“确定”，再次确定返回报表组态界面。组态后的结果如图 1.10.19 所示；

	A	B	C	D	E
1	数据报表				
2	........年 ....月 ....日			第 ....小组	
3	时间	进水流量	上水箱液位	锅炉温度	
4	=Timer1[0]	={FI_101}[0]			
5	=Timer1[1]	={FI_101}[1]			
6	=Timer1[2]	={FI_101}[2]			
7	=Timer1[3]	={FI_101}[3]			
8	=Timer1[4]	={FI_101}[4]			
9	=Timer1[5]	={FI_101}[5]			
10	=Timer1[6]	={FI_101}[6]			
11	=Timer1[7]	={FI_101}[7]			
12	=Timer1[8]	={FI_101}[8]			
13	=Timer1[9]	={FI_101}[9]			
14	=Timer1[10]	={FI_101}[10]			
15	=Timer1[11]	={FI_101}[11]			
16	=Timer1[12]	={FI_101}[12]			
17	=Timer1[13]	={FI_101}[13]			
18	=Timer1[14]	={FI_101}[14]			
19	=Timer1[15]	={FI_101}[15]			
20	=Timer1[16]	={FI_101}[16]			

图 1.10.19　报表界面 2

（19）使用相同方法加入其他位号；

（20）单击"保存"命令，弹出保存路径选择对话框，选择保存路径为组态文件夹下的 REPORT 子文件夹，输入文件名为"数据报表"；

（21）在保存对话框中单击"保存"命令；

（22）关闭报表制作界面，返回到操作站报表设置界面；

（23）在文件名一栏中单击查询按钮 ? ，在弹出的报表文件选择对话框中选择文件名为"数据报表"的报表文件。单击"选择"进行报表登录；

（24）再次单击"增加"命令，重复上述步骤，可制作其他报表。制作完成后，在报表设置界面中单击"退出"命令，返回到系统组态界面；

（25）在系统组态界面中进行系统编译，以便于运行实时监控软件时能自动生成报表。

10.4 报表制作步骤

根据以上实例，归纳总结报表制作步骤如下：

（1）创建报表文件 指定报表所属操作小组，设置报表的页标题及文件名，进入报表编辑界面；

（2）编辑报表文本 设计并编辑报表整体格式及报表文本；

（3）事件定义 设置报表数据记录条件及报表输出条件；

（4）时间引用 设置报表中时间的记录格式（及条件）；

（5）位号引用 对报表中需用到的位号进行组态。所用位号必须是在 I/O 组态中已经组态的位号；

（6）编辑报表内容 利用"填充"命令对报表记录内容进行设置；

（7）编辑报表格式 编辑报表字体及单元格格式等；

（8）报表输出设置 设置数据记录周期和报表输出周期等；

（9）保存及关联报表 保存报表到指定文件夹并将报表与系统组态关联；

（10）系统联编 在系统组态界面中进行系统编译，以便于运行实时监控软件时能自动生成报表。

【思考与练习】

（1）报表在工业生产中有什么意义？

（2）简单归纳报表制作步骤。

任务 11 监控运行和系统维护

实时监控软件（AdvanTrol）是控制系统的上位机监控软件，通过鼠标和操作员键盘的配合使用，可以方便地完成各种监控操作。实时监控软件的运行界面是操作人员监控生产过程的工作平台。在这个平台上，操作人员通过各种监控画面监视工艺对象的数据变化情况，发出各种操作指令来干预生产过程，从而保证生产系统正常运行。熟悉各种监控画面，掌握正确的操作方法，有利于及时解决生产过程中出现的问题，保证系统的稳定运行。

11.1 实时监控

11.1.1 系统上电步骤

（1）上电前的检查工作

① 由现场进入现场控制站机柜的各类信号线、信号屏蔽地线、保护地线及电源线是否

连接好；

② 现场控制站机柜内各电源单元、主控单元及过程 I/O 模块是否安装牢固；

③ 现场控制站机柜内各单元间的连接电缆是否连接完好；

④ 现场控制站与服务器的通信电缆是否连接完好；

⑤ 服务器与操作员站主机是否连接完好；

⑥ 操作员站专用键盘与主机是否连接完好；操作员站鼠标或轨迹球与主机是否连接完好；操作员站主机、监视器是否连接完好；

⑦ 现场控制柜内的所有开关是否断开；

⑧ 现场控制柜、服务器、操作员站、工程师站、通信站主机、打印机、显示器及集线器的电源是否断开；

⑨ 检查各操作站主机、CRT 及打印机等外设的电源开关是否处于"关"位置；

⑩ 检查控制站内的各电源开关是否处于"关"位置。

（2）上电步骤

① 打开总电源开关；

② 打开不间断电源（UPS）开关；

③ 打开各个支路电源开关；

④ 打开操作站显示器、工控机电源开关；

⑤ 逐个打开控制站电源开关。

否则，由于不正确的上电顺序，会对系统的部件产生较大的冲击。

（3）启动实时监控软件

在桌面上双击快捷图标，或是点击[开始/程序/AdvanTrol-Pro（V2.65）]中的"实时监控"命令），弹出实时监控软件启动的"组态文件"对话框，根据提示选择要载入的组态文件后，确定启动。

11.1.2　实时监控操作

实时监控操作可分为 3 种类型的操作，即监控画面切换操作、设置参数操作和系统检查操作。

监控画面中有 23 个形象直观的操作工具图标，如图 1.11.1 所示，这些图标基本包括了监控软件的所有总体功能。

图 1.11.1　操作工具图

监控操作注意事项

为了保证 DCS 的稳定和生产的安全，在监控操作中应注意以下事项：

● 操作人员上岗前须经过正规操作培训；

● 在运行实时监控软件之前，如果系统剩余资源内存资源已不足 50%，建议重启计算机（重新启动 Windows 不能恢复丢失的内存资源）后再运行实时监控软件；

● 在运行实时监控软件时，不要同时运行其他的软件（特别是大型软件），以免其他软件占用太多的内存资源；

● 不要进行频繁的画面翻页操作（连续翻页时应超过 10s）。

（1）画面切换操作

① 不同类型画面之间的切换

· 从某一类型画面（如调整画面）切换到另一类型画面（如总貌画面）时，只要点击目标画面的图标 ▦ 即可。

· 若在组态时已将总貌画面组态为索引画面，则可在总貌画面中点击目标信息块切换到目标画面。

· 右击翻页图标 ᚐ，从下拉菜单中选择目标画面。

② 同一类型画面间的切换

· 用前页图标 ᚐ 和后页图标 ᚐ 进行同一类型画面间的翻页。

· 左击翻页图标 ᚐ，从下拉菜单中选择目标画面。

③ 流程图中画面的切换

在流程图组态过程中，可以将命令按钮定义成普通翻页按钮或是专用翻页按钮。若定义为普通翻页按钮，在流程图监控画面中点击此按钮可以将监控画面切换到指定画面；若定义为专用翻页按钮，在流程图监控画面中点击此按钮将弹出下拉列表，可以从列表中选择要切换的目标画面。

如图 1.11.2 所示，流程图最下面两行为流程图画面切换按钮，在每个按钮上都标记有流程图画面名称，点击某一按钮，可切换到对应的流程图画面。

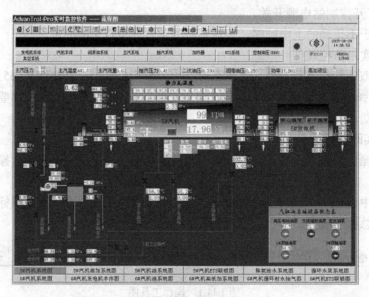

图 1.11.2　流程图画面

④ 操作员键盘操作切换画面

在操作员键盘上有与实时监控画面功能图标对应的功能按键，点击这些按键可实现相应的画面切换功能。

若将操作员键盘上的自定义键定义为翻页键，则可利用这些键实现画面切换。

（2）参数设置操作

在系统启动、运行、停车过程中，常常需要操作人员对系统初始参数、回路给定值、控制开关等进行赋值操作，以保证生产过程符合工艺要求。这些赋值操作大多是利用鼠标和操作员键盘在监控画面中完成的。常见的参数设置操作方法有：

①　在调整画面中进行赋值操作

调整画面如图 1.11.3 所示。

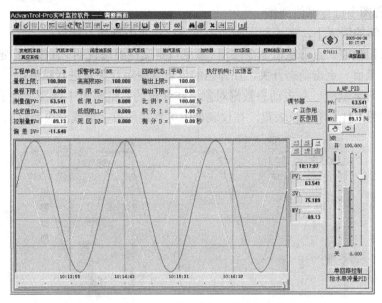

图 1.11.3　实时监控调整画面

在权限足够的情况下（此时可操作项为白底），在调整画面中可进行的赋值操作有：

- 设置回路参数　若调整画面是回路调整画面，则可在画面中设置各种回路参数，包括手自动切换（　）、调节器正反作用设置、PID 调节参数、回路给定值 SV、回路阀位输出值 MV；
- 设自定义变量　若调整画面是自定义变量调整画面，则可在画面中设置变量值；
- 手工置值模入量　若调整画面是模入量调整画面，则可在画面中手工置值模入量。

②　在分组画面中进行赋值操作

分组画面如图 1.11.4 所示。

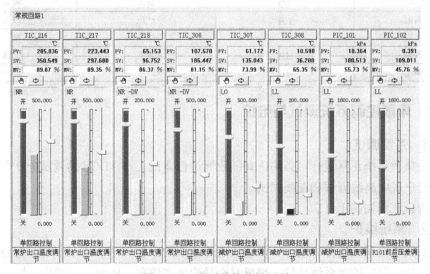

图 1.11.4　实时监控分组画面

在权限足够的情况下，在分组画面（仪表盘）中可进行的赋值操作有：

- 开出量赋值　开出量可在仪表盘中直接赋值；
- 自定义开关量赋值　自定义开关量可在仪表盘中直接赋值。

③ 在流程图中进行赋值操作

在权限足够的情况下，在流程图画面中可进行的赋值操作方法有：

- 命令按钮赋值　点击赋值命令按钮（参见自定义键组态说明）直接给指定的参数赋值；
- 开关量赋值　点击动态开关，在弹出的仪表盘中对开关量进行赋值；
- 模拟量数字赋值　右击动态数据对象，在弹出的右键菜单中选择"显示仪表"，将弹出图 1.11.5 或图 1.11.6 所示仪表盘，在仪表盘中可直接用数字量或滑块为对象赋值。

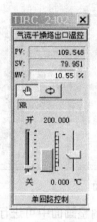

图 1.11.5　显示仪表（回路）

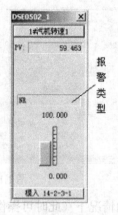

图 1.11.6　显示仪表（模入量）

其中仪表盘中可以显示的报警类型如表 1.11.1 所示。

表 1.11.1　报警类型表

报警类型	描述	颜色	信号类型
正常	NR	绿色	模入
高限	HI	黄色	模入
低限	LO	黄色	模入
高高限	HH	红色	模入
低低限	LL	红色	模入
正偏差	+DV	黄色	回路
负偏差	−DV	黄色	回路

11.2　集散控制系统调试与维护

11.2.1　系统调试

为确保集散系统正常运行，必须认真细致地进行调试工作。DCS 的调试分 3 个部分：工厂调试、用户现场离线调试和在线调试。

现场调试流程如图 1.11.7。

11.2.2　系统维护

控制系统是由系统软件、硬件、现场仪表等组成的，任一环节出现问题，均会导致系统部分功能失效或引发控制系统故障，严重时会导致生产停车。因此，要把构成控制系统的所有设备看成一个整体，进行全面维护管理。系统维护大致分日常维护、预防维护和故障维护。

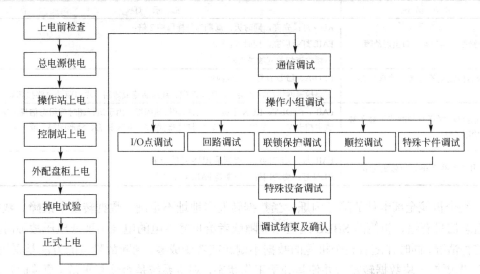

图 1.11.7　现场调试流程

　　日常维护、预防维护主要通过 DCS 点检实现。DCS 点检是 DCS 系统经过一定时间的运行后，借助人的感官和工具仪器，按预先制定的技术标准（定标准）对 DCS 系统尤其是可能引起系统故障的关键点进行全面检测和必要的部件更换的检查和测试，并通过对点检记录、图表、数据等的分析，全面掌握 DCS 的技术状况和劣化程度。通过点检，可以及时发现 DCS 隐患和异常，在故障发生前得到处理，使 DCS 的运行持续处于受控状态并保持良好的技术状况。因此它是一种预防性、主动性设备检查。点检的主要内容有系统检查、系统清扫、易损及易耗部件的更换、系统性能检测等。

11.2.3　常见故障及排除方法

（1）控制站部分

● 主控制卡故障灯闪烁　当系统的组态、通讯等环节发生故障的时候，主控制卡会对这些故障进行自诊断，同时以故障灯不同的闪烁方式来表示不同的故障现象，具体如表 1.11.2 所示。

表 1.11.2　主控卡故障及排除方法

故障情况	指示灯
主控卡组态丢失	FAIL 灯：长亮，并一直保持到下装组态到此主控制卡
组态中的控制站地址与主控卡实际所读地址不相同	FAIL 灯：同时亮，同时灭； RUN 灯：同时亮，同时灭； 本控制站组态设置地址与卡件物理设置不一致； 可能是组态错误，也可能是主控卡地址读取故障； 下装组态或检查地址设置开关
通信控制器不工作	FAIL 灯：均匀闪烁，周期是 RUN 灯的一半； RUN 灯（工作）：均匀闪烁，周期是 FAIL 灯的两倍
两个冗余的网络通信接口（网线或驱动口）均出现故障	FAIL 灯：同时亮，先灭； RUN 灯：同时亮，后灭，周期为采样周期 2 倍； 需要检查相关网线是否断

续表

故 障 情 况	指 示 灯
主控卡网络通信口有一口出现故障	RUN 灯：先亮，同时灭，周期为采样周期 2 倍； FAIL 灯：后亮，同时灭； 需要检查相关网线是否断
主控卡通信完全不正常，物理层存在问题	LED-A、LED-B 灯：灭或闪烁 需要检查网络的物理层，如阻抗匹配、线路断路或短路、端口驱动电路损坏等
下装的用户程序运行超时或下装了被破坏的组态信息	FAIL、STDBY、RUN 不按规定的周期快速闪烁，由于运行超时或组态信息出错而导致主控卡 WDT 复位，需要修改用户控制程序（SCX 语言、梯形图等）或下装正确的组态信息
SCnet Ⅱ通信网络 0#、1#总线交错	FAIL 灯：均匀闪烁，周期是 RUN 灯的一半， RUN 灯：均匀闪烁，周期是 FAIL 灯的 2 倍

● 某个机笼全部卡件故障灯闪烁　当数据转发卡地址不正确，数据转发卡故障、数据转发卡组态信息有错、机笼的 SBUS 线通讯故障或者给机笼供电的电源出现低电压故障时，会出现这种情况，同时伴随着整个机笼的数据不刷新或者变成零。判断故障点的方法是采用"替换法"，先更换一块数据转发卡并使其处于工作状态，观察系统是否恢复正常（更换时注意不要把数据转发卡的地址设错）。

● 某个卡件故障灯闪烁或者卡件上全部数据都为零　可能的原因是组态信息有错、卡件处于备用状态而冗余端子连接线未接、卡件本身故障、该槽位没有组态信息等。当排除了其他可能而怀疑卡件本身故障时，可以采用"替换法"。

● 某通道数据不正常　这种情况下需要维护工程师准确判断故障点在系统侧还是现场侧。简单的处理方法是将信号线断开，用万用表等测量工具检验现场侧的信号是否正常或向系统送标准信号看监控画面显示是否正常。如初步判断出故障点在系统侧，然后按照通道、卡件、机笼、控制站由小到大的顺序依次判断故障点的所在。

● 对于各种不同类型的控制站卡件，某通道数据失灵或者失真的原因是多种多样的。如对于电流输入，需要判断卡件是否工作、组态是否正确、配电方式跳线、信号线的极性是否正确等。维护人员需要正确判断故障点的所在，然后进行相应的处理。

（2）操作员站部分

① 主机故障

操作员站是一台工业用 PC 机，其基本结构和普通的台式计算机没有本质的不同。当一台 PC 机出现故障时，首先要使用插拔法、替换法、比较法来确定 PC 机中是何部件有故障，然后针对性地更换故障部件或更换插槽（更换 PC 机部件一般应由工程技术人员在现场指导）。

为了避免盲目地更换部件，可根据表 1.11.3 PC 机启动时的报警声数来判断故障所在。

表 1.11.3　PC 机报警音错误含义

报 警 声 数	错误含义（AWARD BIOS）
1 短	系统启动正常
2 短	常规错误，请进入 CMOS 设置，重新设置不正确选项
1 长 1 短	RAM 或主板出错，更换内存或主板
1 长 2 短	显示器或显卡错误
1 长 3 短	键盘控制错误，检查主板
1 长 9 短	主板 FLASH RAM 或 EPROM 错误，BIOS 损坏，更换 FLASHRAM
长声不断	内存条未插紧或损坏，重插或更换内存条

报 警 声 数	错误含义（AWARD BIOS）
不停地响	电源、显示器未和显示卡连接好，检查一下所有插头
重复短响	电源有问题
黑屏	电源有问题

② 显示器故障

- 当显示器显示不正常，并排除了工控机故障时，可检查一下显示器的按钮设置。

- 确定显示器前部"D-SUB/BNC"按钮位置　若显示器背部信号线连接是通过 15 针 D 型接口电缆，该按钮置于"D-SUB"位置；若显示器背部信号线连接是通过 BNC 型接口电缆，该按钮置于"BNC"位置。

- 若显示器背部信号线连接是通过 BNC 型接口电缆，确定同步信号开关"Sync.Switch"的位置　如果用绿色同步信号（3 BNC）模式，该开关设在"S.O.G."位置；如果用 H、V 分离型同步信号（5 BNC）或 H+V 混合型同步信号（4 BNC）模式，该开关设在"H/V"位置。

- 当显示器颜色不纯，可按显示器前部"消磁"按钮以消除电磁干扰。

项目2

现场总线控制 MM420 的应用

【项目目标】

了解人机接口、PROFIBUS、PROFINET 总线及其特点。理解 S7-300 和 MM420 间 PPO1 和 PPO3 格式的 PROFIBUS 通信。能进行上位机 WinCC 监控界面组态、会进行 WinCC 与 S7-300 PLC 的以太网通信参数设置。

【项目简介】

借助 PROFIBUS-DP 和 PROFINET 现场总线的网络连接和网络配置，实现 S7-300 与 MM420 PPO1 和 PPO3 格式的 PROFIBUS 通信，编写 MM420 运行控制和参数读写功能的 S7-300 运行程序，实现 S7-300、MM420 设备的联机运行；在中控室的 PC 机上利用 WinCC 进行 MM420 控制任务监控界面组态，实现 PC 机、S7-300、MM420 设备的联机运行。

（1）设备简介

每个实训台配有 S7-300 PLC、TP177B 触摸屏、MM420 变频器和编程用的 PC 机。PC、S7-300 PLC、TP177B 通过 X005 交换机实现了以太网总线连接。MM420 和 S7-300 PLC 通过 PROFIBUS-DP 实现了总线连接，设备物理连接示意图如图 2.0.1 所示。完成任务的计算机要求配置的工程应用软件为 WinCC7.0、STEP7 V5.4。

（2）项目要求

能利用 STEP7 对现场总线设备进行硬件组态，会配置 S7-300 和 MM420 间 PPO1 和 PPO3 格式 PROFIBUS 通信，通过 PROFIBUS 实现对 MM420 的启停及运行频率设置，并能根据实际要求编写 MM4 的参数读写控制程序。会在 PC 机中利用 WinCC 中进行 MM4 控制界面的组态，并进行相关通信接口和参数的设置，实现对 MM420 的运行监控。

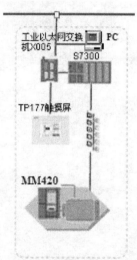

图 2.0.1　设备连接示意图

【项目分解】

将本项目进行任务分解如下：

任务 1　STEP7 项目的建立

了解 PROFIBUS 和 PROFINET 总线，依据任务确定 MM420 与 S7-300 通信的 PROFIBUS-DP 现场总线通信，创建一个 STEP7 项目，并进行 PROFIBUS-DP 总线的硬件

组态。

任务 2 S7-300 和 MM420 的 PROFIBUS-DP 通信

理解 PPO1 和 PPO3 格式 PROFIBUS 通信，掌握 PROFIBUS DP 主从通信的控制字、状态字结构，根据任务 1 分配的通道参数，编写控制 MM420 运行的 S7 程序，包括 MM420 的启、停控制及运行频率控制。

任务 3 WinCC 监控项目组态和优化

在 WinCC 的图形设计器中组态 MM420 的监控界面，并设置 TCP/IP 参数实现 WinCC 与 S7-300 的数据交换，从而实现对 MM420 的运行控制。

任务 4 触摸屏监控项目组态和优化

在触摸屏中组态 MM420 的监控界面，并设置 TCP/IP 参数实现 WinCC Flexibel 与 S7-300 的数据交换，从而实现对 MM420 的运行控制。

任务 1 STEP7 项目的建立

1.1 现场总线通信技术

1.1.1 现场总线概述

现场总线是指安装在制造或过程区域的现场装置与控制室内的自动装置之间的数字式、串行、多点通信的数据总线。它是一种工业数据总线，是自动化领域中底层数据通信网络。现场总线就是以数字通信替代了传统 4~20mA 模拟信号及普通开关量信号的传输，是连接智能现场设备和自动化系统的全数字、双向、多站的通信系统。主要解决工业现场的智能化仪器仪表、控制器、执行机构等现场设备间的数字通信，以及这些现场控制设备和高级控制系统之间的信息传递问题。西门子设备总线应用示意图如图 2.1.1 所示，主要有 PROFIBUS 总线和 PROFINET 总线。

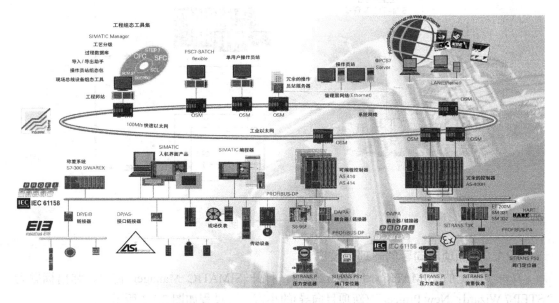

图 2.1.1 西门子设备总线应用示意图

1.1.2 PROFIBUS 总线技术

西门子是 PROFIBUS 现场总线标准的发起人之一，PROFIBUS 是在欧洲工业界得到最广泛应用的一个现场总线标准，也是目前国际上通用的现场总线标准之一。主要包括最高波特率可达 12M 的高速总线 PROFIBUS-DP 和用于过程控制的本安型低速总线 PROFIBUS-PA。DP 和 PA 的完美结合使得 PROFIBUS 现场总线在结构和性能上优越于其他现场总线。PROFIBUS 是属于单元级、现场级的 SIMITAC 网络，适用于传输中、小量的数据。其开放性可以允许众多的厂商开发各自的符合 PROFIBUS 协议的产品，这些产品可以连接在同一个 PROFIBUS 网络上。PROFIBUS 是一种电气网络，物理传输介质可以是屏蔽双绞线、光纤、无线传输。PROFIBUS 协议符号 ISO/OSI 七层参考模型。

1.1.3 PROFINET 总线技术

PROFINET 是开放式工业以太网标准（IEC61158），是新一代基于工业以太网技术的自动化总线标准。通过 PROFINET 的同步实时（IRT）功能，可以轻松实现对伺服运动控制系统的控制。在 PROFINET 同步实时通讯中，每个通讯周期被分成两个不同的部分：一个是循环的、确定的部分，称之为实时通道；另外一个是标准通道，标准的 TCP/IP 数据通过这个通道传输。

1.2 STEP 7 项目创建

SIMATIC 管理器管理 STEP 7 项目，如图 2.1.2 所示。在 SIMATIC S7 中，所有自动化过程的硬件和软件均要求在项目中管理。项目包括必需的硬件(+ 组态)、网络(+ 组态)、所有程序和自动化解决方案的数据管理。

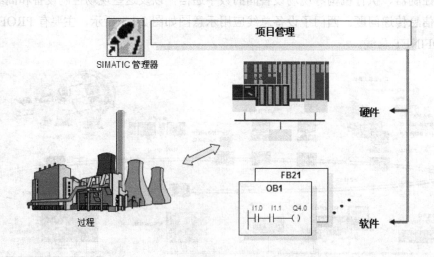

图 2.1.2　STEP 7 项目

1.2.1 用新项目向导创建项目

双击桌面上的 SIMATIC Manager 图标，打开 SIMATIC Manager 窗口，弹出标题为"STEP 7 Wizard：New Project"(新项目向导)的小窗口。过程如图 2.1.3 所示。

① 点击【NEXT】按钮，在下一对话框中选择 CPU 模块的型号，设置 CPU 在 MPI 网络

中的站地址（默认值为 2）。CPU 的型号与订货号应与实际硬件相同。

图 2.1.3 利用向导创建 STEP 7 项目

② 点击【NEXT】按钮，在下一对话框中选择需要生成的组织块，默认的只生成作为主程序的组织块 OB1。还可以选择块使用的编程语言。

③ 点击【NEXT】按钮，可以在"Projiect name"文本框修改默认的项目的名称，按【Finish】按钮，开始创建项目。

1.2.2 直接创建项目

在 SIMATIC 管理器中执行菜单"File"→" New…"或者右键点击新项目图标，将出现如图 2.1.4 所示的一个对话框，在该对话框中分别输入"文件名"、"目录路径"等内容，并确定，完成一个新项目的创建。

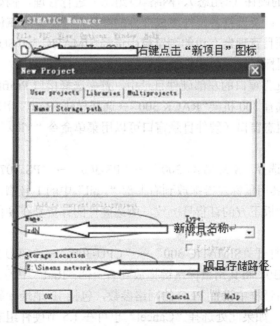

图 2.1.4 新建项目对话框

用鼠标右键点击项目管理器中的新项目图标，用出现的快捷菜单中的命令插入一个新的

S7-300 站。按图 2.1.5 所示操作插入 300 的站点。

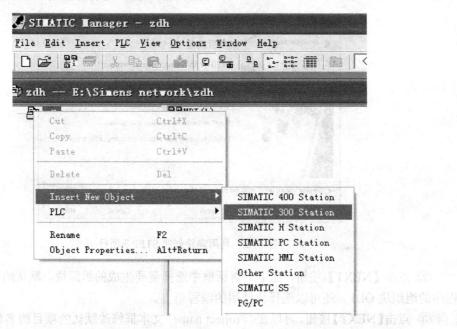

图 2.1.5　新项目中插入

1.3　硬件组态

硬件组态的任务就是在 STEP 7 中生成一个与实际的硬件系统完全相同的系统，即在 STEP 7 软件中对实际的硬件（+组态）、网络（+组态）进行管理，例如要生成网络、网络中各个站的导轨和模块，以及设置各硬件组成部分的参数，即给参数赋值。

① 在 SIMATIC 项目管理器左边的浏览树中选择 SIMATIC 300 Station 对象，双击右边窗口中的"Hardware"图标，打开"HW Config"窗口。

② 在"HW Config"窗口的左部硬件目录中，首先选择接口 Profile 为"standard"，再打开"SIMATIC 300"→选择 300 机架"RACK 300"→选择导轨"Rail"，用鼠标左键将导轨"Rail"拖放到右上部的硬件组态窗口（硬件目录窗口可以用菜单命令"View"→"Catalog"打开或关闭）。

③ 在硬件目录中选择"SIMATIC 300"→"PS-300"→"PS 307 5A"，订货号为 6ES7 307-1EA00-0AA0，将其用鼠标左键拖放到右上部"Rail"中的 1 号槽。注意所拖放的硬件订货号必须与实际硬件面板下方的订货号一致。所选硬件的订货号在硬件组态界面的右下方有显示。

④ 在硬件目录中打开"SIMATIC 300"→"CPU-300"→"CPU 315F-2PN/DP"订货号为 6ES7 315-2FJ14-0AB0，将其用鼠标左键拖放到右上部"Rail"中的 2 号槽。在拖放后弹出的网络接口属性设置对话框中设置 PLC 的网络参数，包括 IP 地址，新建网络连接等，其设置窗口如图 2.1.6 所示。如果此处选择"Cancel"也可在 1.5 节硬件组态下载中设置。

⑤ 在硬件目录中选择"SIMATIC 300"→"SM-300"→"DI/DO-300"→"SM 323 DI16/DO16x24V/0.5A"订货号为 6ES7 323-1BL00-0AA0，将其用鼠标左键拖放到右上部"Rail"中的 4 号槽，注意其默认 I/O 地址，可以通过双击该模块，在弹出的 I/O 属性设置对话框中

选中"Addresses"，将"System default"前的"√"去掉，在"Start"处输入自定义的起始地址即可，如图 2.1.7 所示。其他模块地址修改方法与此类似。

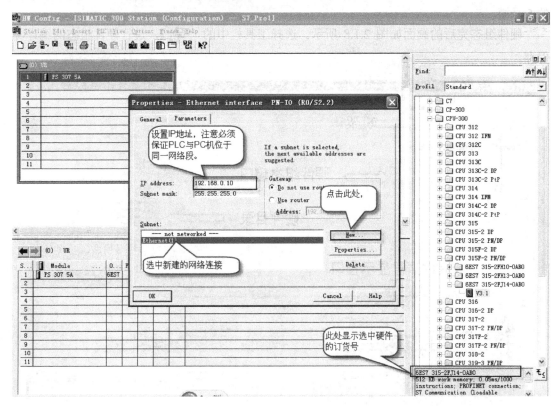

图 2.1.6　CPU 网络参数设置

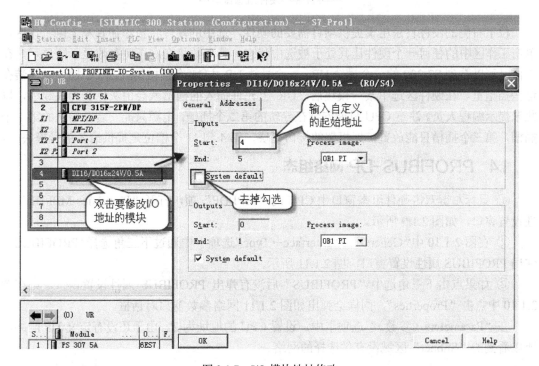

图 2.1.7　I/O 模块地址修改

⑥ 在硬件目录中选择"SIMATIC 300" → "SM-300" → "AI/AO-300" → "SM 334 AI4/AO2x8/8bit"订货号为6ES7 334-0CE01-0AA0,将其用鼠标左键拖放到右上部"Rail"中的5号槽。

硬件组态完后的画面如图 2.1.8 所示。选择工具栏中的" "，进行硬件组态的编译并保存。

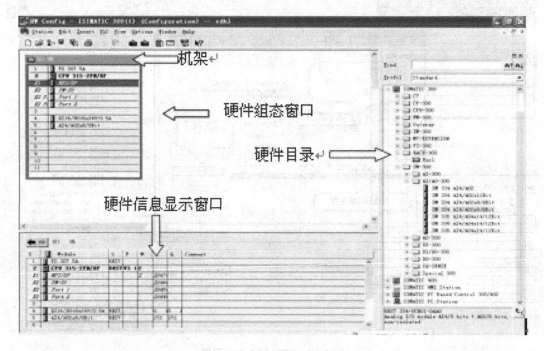

图 2.1.8 硬件组态窗口

位于右侧的硬件目录用于提供项目需要的硬件，选中的硬件将被添加到左上侧工作区，单击工作区中的任何一个硬件让其处于被选中状态，其参数将在左下侧参数显示区显示。在工作区可以看到 S7-300 的一个导轨 UR，一个导轨 UR 由 11 个插槽构成，PLC 模块就安装在这些插槽里。在硬件区选中某一模块后，UR 上允许插入的插槽就会由灰色变为浅绿色，以此来提示编程人员。注意 CPU 只能安装在导轨的第二个插槽，电源只能安装在导轨的第一个插槽，第三个插槽只能放置扩展机架的接口模块，第 4 到 11 个槽位是提供给各信号模块的。

1.4 PROFIBUS-DP 网络组态

① 鼠标左键双击硬件组态窗口中 CPU 的"MPI/DP"项，打开"Properties-MPI/DP"属性设置窗口，如图 2.1.9 所示。

② 在图 2.1.10 中"General"→"Interface→Type"选项卡中通过下三角选择"PROFIBUS"，弹出 PROFIBUS 属性设置窗口，图 2.1.11 所示。

③ 如果点击下三角选中"PROFIBUS"后没有弹出 PROFIBUS 属性设置窗口，则在图 2.1.10 中点击"Properties"，同样会弹出如图 2.1.11 网络参数窗口对话框。

在"Parameters（参数）"选项卡中，设置 CPU 的地址为 2。由于还没有定义 DP 网络，所以看到的"Subnet"区域没有供选择的网络。

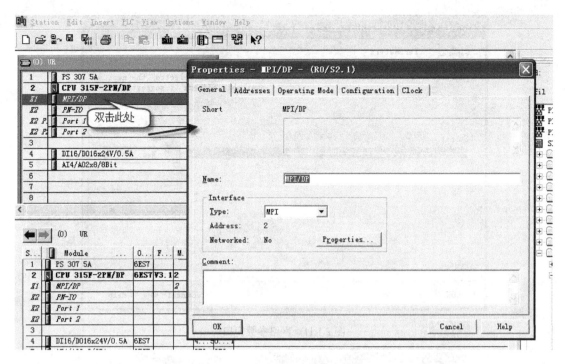

图 2.1.9 打开 MPI/DP 属性设置窗口

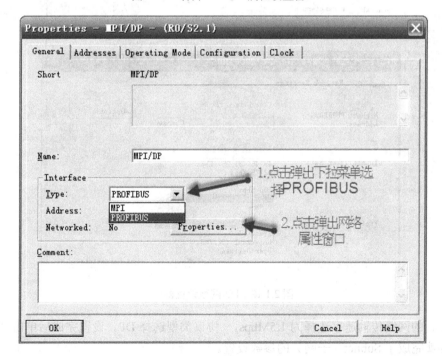

图 2.1.10 DP 接口设置

④ 新建一个 DP 子网，单击"New..."按钮，弹出"NEW Subnet（新建子网）PROFIBUS 属性"对话框，在"General（常规）"选项卡中保持网段名称为 PROFIBUS(1)不变，其他参数也不变，鼠标点击切换到"Network Settings"选项卡，在此可设置网络传输速率和协议类型，如图 2.1.12 所示。

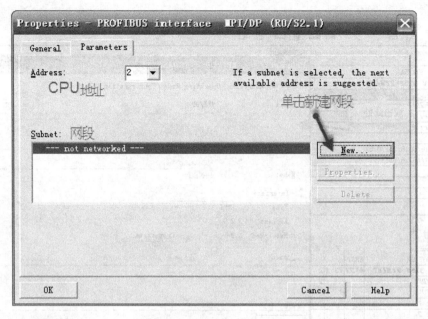

图 2.1.11　网络参数窗口

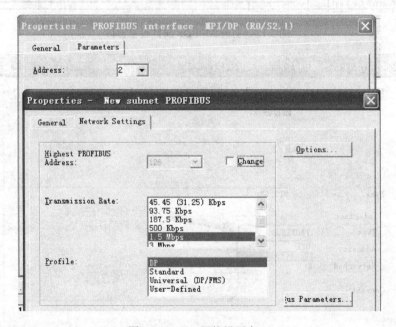

图 2.1.12　DP 网络设置窗口

本项目的网络传输速率选择为 1.5Mbps，协议类型选择 DP，设置完成后单击"OK"按钮，这样就完成了 Subnet（子网）的参数设置。

⑤ 设置完 DP 子网后，可以发现子网区域多了 PROFIBUS(1)子网，如图 2.1.13 所示，选中该子网后，单击"OK"按钮确认，返回到"MPI/DP 属性"对话窗口，之后再单击"OK"按钮确认，至此完成了对 DP 接口的设置。

DP 接口组态完成后，在工作区域多出了一条线，如图 2.1.14 所示，这条线就是上面组态好的 DP 总线。

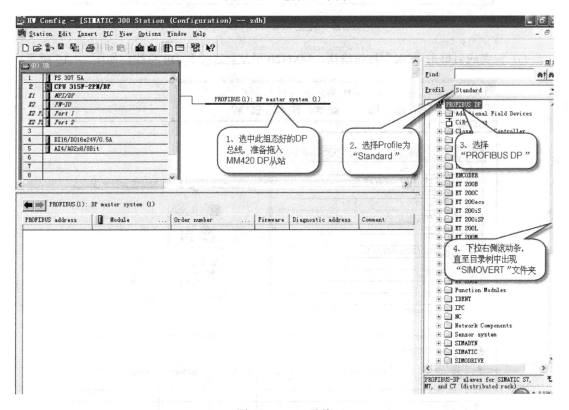

图 2.1.13　选择 DP 子网

图 2.1.14　DP 总线

⑥ 在硬件目录窗口中，打开"PROFIBUS DP"→"SIMOVERT"→"MICROMASTER4"将 MICROMASTER4 拖放到 PROFIBUS 网络，弹出"PROFIBUS interface（接口）MICROMASTER 4 属性"对话框，在弹出的对话框中，将"Address"修改为 3（注：设置详

见任务 2 中 MM420 硬件及参数设置内容），如图 2.1.15 所示。

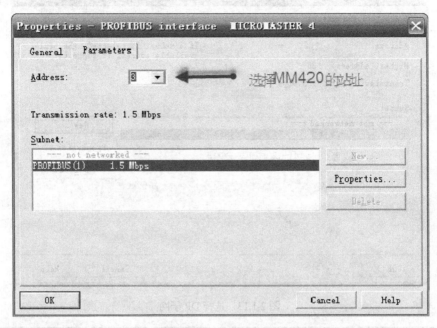

图 2.1.15　设置 MM420 的 DP 地址

⑦ 置完成后单击"OK"按钮确认，MM420 子站就连接到 DP 总线，如图 2.1.16 所示。

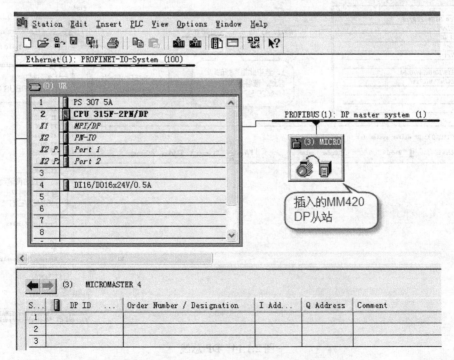

图 2.1.16　MM420 DP 从站

⑧ 选中硬件目录中的" 0 PKW, 2 PZD (PPO 3)"拖到左侧硬件组态窗口的"MICROMASTER4"中，或单击插入的 MM420 子站，在左下侧的的参数区中选择插槽 1，

如图 2.1.17 所示，再双击右侧硬件目录中的"⫿ 0 PKW,　2 PZD　(PPO 3)"。

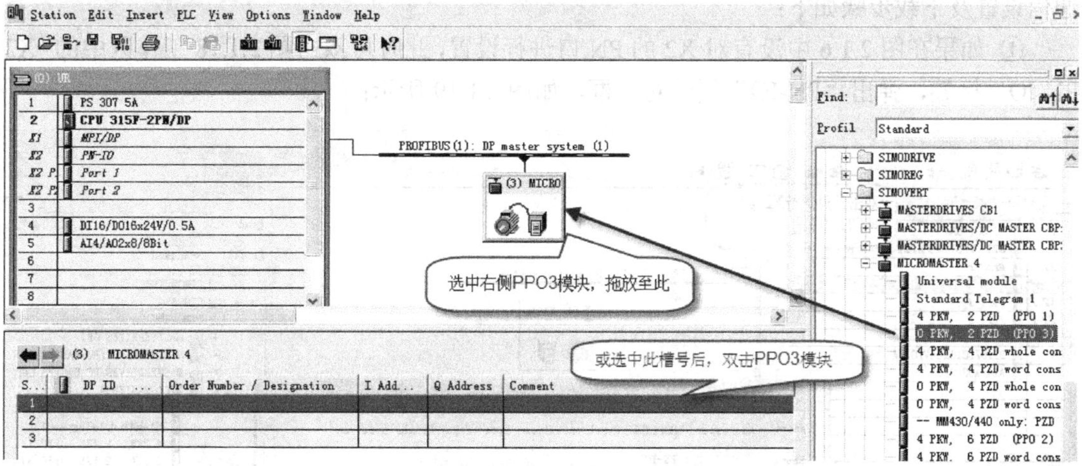

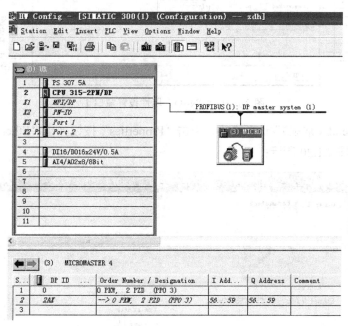

图 2.1.17　组态 PPO 3 报文

⑨ 组态 PPO 3 报文后的界面如图 2.1.18 所示，双击下面的地址栏，修改 PKW/PZD 的 I/O 起始地址均修改为 56。此处地址与任务 2 中编写的 MM420 控制程序中用到的控制字地址和状态字地址要一致。

图 2.1.18　修改 PPO 3 报文地址

注意：MM420 的 DP 地址不能与 CPU 的 DP 地址冲突，即任何设备的 DP 地址具有唯一性。

⑩ 网络组态好之后选择工具栏中的"▣⫿"，进行硬件组态的保存及编译。

1.5　硬件组态的下载

硬件与网络组态好并编译正确后，要对组态的硬件选择工具条中的"▥⫿"或在菜单中选

123

择[PLC/Download]对目标CPU进行硬件下载。下载前要对PLC与PC机的通信进行正确设置。通信设置及下载步骤如下：

① 如果在图2.1.6中没有对X2的PN口进行设置，此时可双击图2.1.18工作区中的"X2 PN-IO"标签，弹出"PN-IO"属性对话框，如图2.1.19所示；

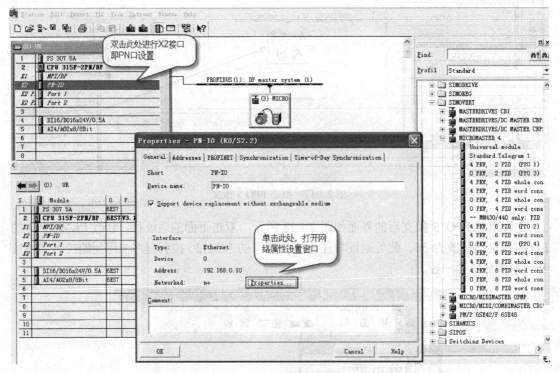

图2.1.19 "PN-IO"属性设置窗口1

② 在"General（常规）"选项卡中，单击"Properties"按钮弹出"Ethernet接口 PN-IO"属性对话框，如图2.1.20所示；

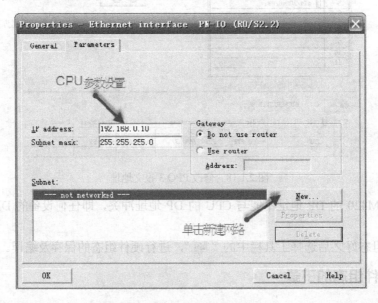

图2.1.20 "PN-IO"属性设置窗口2

③ 在图 2.1.20 的 "Parameters（参数）" 选项卡中，设置 CPU 的 IP 地址为 192.168.0.10，子网掩码 255.255.255.0，单击 "New" 按钮弹出图 2.1.21 所示的对话框，新建一个以太网子网。在图 2.1.21 中设置以太网的名称为 Ethernet(1)后，单击 "OK" 按钮确认。

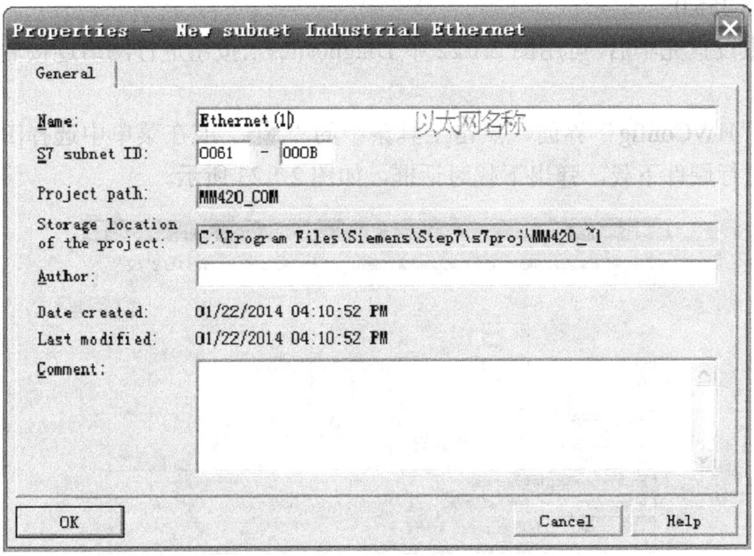

图 2.1.21　新建以太网

依次在上述各个属性对话框中单击 "OK" 按钮进行确认，这样就完成了 PLC 的以太网硬件组态。组态好后对项目进行保存编译。

④ 回到 SIMATIC Manger"界面，进行 PG/PC 端通信设置，选择"Options"→"Set PG/PC Interface"，进入"Set PG/PC Interface"界面，选定"TCP/IP（Auto）→Realtek RTL8193/810"为通信协议；如图 2.1.22 所示。

图 2.1.22　设置 PG/PC 接口

⑤ 单击图 2.1.22 "Properties" 按钮，按提示进一步设置 PC 机的 IP 地址和子网掩码。或点击 PC 机本地连接图标进行 IP 地址和子网掩码设置。注意 PC 机的 IP 地址一定不能与图 2.1.6 或图 2.1.20 中所设置的 PLC 的 IP 地址相同，但必须在同一个网络段，同时子网掩码要相同，同样为 255.255.255.0.

⑥ 在参数设置完毕后，可用图 2.1.22 中 Diagnostics…按钮进行网络连接测试，直到 "test" 结果为 "OK"。

⑦ 打开 "HWConfig" 界面，点击工具条中的 "🔧" 或在菜单中选择[PLC/Download] 对目标 CPU 进行硬件下载，弹出下载对话框，如图 2.1.23 所示。

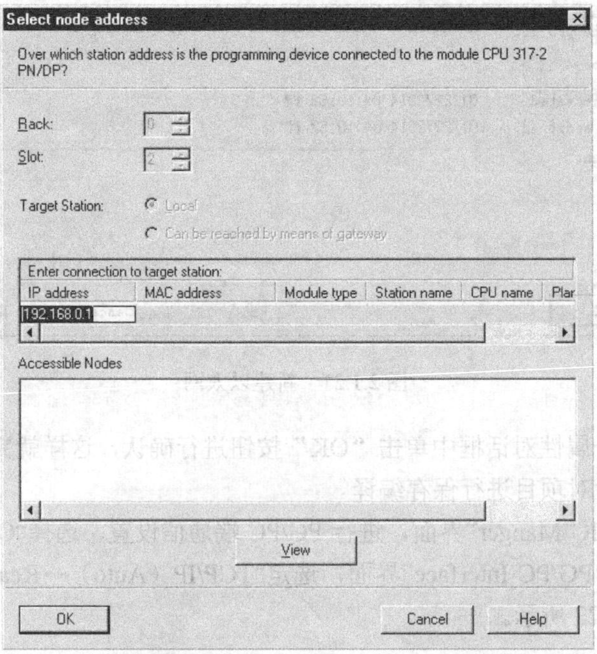

图 2.1.23　CPU 地址选择对话框

⑧ 对话框中如果 CPU 没有出现在 "Accessible Nodes" 列表中，则单击图中 "View" 按钮，PG 将读取网络上的 PLC 地址并将其显示在对话框中。

⑨ 选择目标 CPU 地址所在的行，然后使用 "OK" 进行确认，下载进行过程中，按提示进一步确认，直至组态完全下载。

1.6　与 DP 通信有关的中断组织块

DP 网络组态好编译下载后，如果发现 CPU 进入了 STOP 模式，并且 CPU 面板上的 STOP、BF1 指示灯点亮，说明 CPU 识别到一个故障或错误，将会调用对应的终端组织块（OB），应生成这些 OB，通过 OB 中编写的程序对故障进行处理。如果这些组织块没有下载到 CPU，则 CPU 会因为无法调用这些块而进入 STOP 状态。

1.6.1　DP 从站产生的诊断中断 OB82

CPU 的操作系统将自动调用处理诊断中断的组织块 OB82。OB82 的启动信息提供了产生故障的模块类型（输入模块或输出模块）、模块的地址和故障的种类。故障出现和消失时将分别调用一次 OB82。

1.6.2　机架故障或分布式 I/O 的站故障中断（OB86）

如果扩展机架、DP 主站系统或分布式 I/O 出现故障，CPU 将在故障出现和消失时分别调用一次 OB86。

1.6.3　I/O 访问错误中断（OB122）

CPU 如果用 PI/PQ 区的地址访问有故障的 I/O 模块、不存在的或有故障的 DP 从站，CPU 将在每个扫描循环周期调用一次 OB122。

出现硬件和网络故障时，如果没有生成和下载对应的组织块，CPU 将切换到 STOP 状态。所以当出现故障或者通信有问题时，若要 CPU 带故障运行，则应生成和下载 OB82、OB86 和 OB122。

【思考与练习】

（1）如何更改 PROFIBUS-DP 网络的传输速率，传输速率和传输距离的关系是什么呢？

（2）在同一个 DP 网络上，设备的 DP 地址能否设置成一致？

（3）PROFINET 网络中，设备是如何识别的？设备地址设置时有哪些注意事项？

任务 2　S7-300 和 MM420 的 PROFIBUS-DP 通信

本任务主要解决 MM420 与 S7-300 进行 DP 通信时参数的设置问题。

2.1　S7-300 与 MM420 PROFIBUS 通信参数设置

PROFIBUS 是不依赖生产厂家的、开放式的现场总线。PROFIBUS 是用于车间级监控和现场层的通信系统。S7-300/400 PLC 可以通过通信处理器或集成在 CPU 上的 Profibus-DP 接口连接到 Profibus-DP 网上。Profibus 的物理层是 RS-485 接口。最大传输速率为 12M bit/s，最多可以与 127 个节点进行数据交换。网络通信示意图如图 2.2.1 所示。

2.2　MM420 硬件及参数设置

2.2.1　MM420 的 PROFIBUS 地址

MM420 有两种 PROFIBUS 总线地址的方法：

借助通讯模块的 7 个 DIP 开关（如图 2.2.2 所示）或借助 P0918；

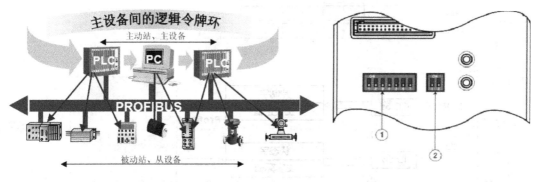

图 2.2.1　PROFIBUS 通信　　　　　　图 2.2.2　MM420DIP 开关

① PROFIBUS 地址开关(DIP 开关)；② (仅西门子内部使用)。

PROFIBUS 地址能够设置从 1 到 125，如表 2.2.1 所示。

表 2.2.1　MM420 PROFIBUS 地址设置

DIP 开关编号	1	2	3	4	5	6	7
开关代表的地址数字	1	2	4	8	16	32	64
例 1：地址=3=1+2	ON	ON	OFF	OFF	OFF	OFF	OFF
例 2：地址=88=8+16+64	OFF	OFF	OFF	ON	ON	OFF	ON
地　　址	含　　义						
0	PROFIBUS 地址由参数 P0918 来决定						
1……125	有效的 PROFIBUS 地址						
126，127	无效的 PROFIBUS 地址						

- 变频器恢复工厂设置 P0010=30，P0970=1（P0970=1，执行后 P0010=0，否则手动设置 P0010=0）。
- 根据电机负载快速调试参数（所配电机不同，参数不同）。

快速调试参数：P0010=1；P0100=0；P0304=380；P0305=1.12；P0307=0.18；P0310=50；P0311=1430；P1080=0；P1082=50；P1120=10；P1121=10；P3900=1。

P0010=0：准备运行。P0010=1：快速调试。

- 设置 P0700=6，P1000=6。

2.2.2　控制字与状态字

用于进行周期性数据交换的用户数据的结构称为参数过程数据对象（Parameter Process data Object，PPO）。对于 MM 420，允许使用 PPO 类型 1 或 PPO 类型 3。PPO 类型 3 允许进行简单的数据交换编程。将控制字从 SIMATIC CPU 发送至 MM 420，必要时也发送主设定值。在响应报文中，MM 420 返回状态字和主实际值。除速度设定值外，其他参数都不允许修改。改变所有参数只适用于 PPO 类型 1。PPO3 报文通信示意图如图 2.2.3 所示。

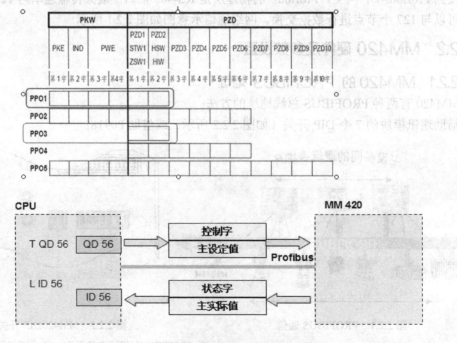

图 2.2.3　S7-300 与 MM420 的 PPO3 通信

用于控制驱动设备（ON/OFF、电机转向）的控制字由 16 位二元信号组成。在参数分配中，使用指令 T QW 56 将这些信号传送至 MM 420。其控制字结构如图 2.2.4 所示。

Bit	功能
0	ON/OFF 1
1	OFF 2
2	OFF 3
3	脉冲使能
4	RFG使能
5	RFG开始
6	设定值使能
7	故障确认
8	点动向右
9	点动向左
10	PLC控制
11	反向(设定值取反)
12	- - -
13	电机电位计(MOP) 增大
14	电机电位计 (MOP) 减小
15	CDS bit 0

（QB57 对应 Bit 0~7，QB56 对应 Bit 8~15）

图 2.2.4　控制字结构

ON/OFF1　启动时，必须有一个边沿变化，并且不能激活 OFF2 和 OFF3。停止时，电机沿加速传感器的减速曲线逐步制动。然后，关闭变频器。

OFF2　电机不经制动（逐步减速至停止）就直接停转，变频器立即关闭。

OFF3　电机沿着输出信号的后沿制动。变频器保持运行。

MM420 反馈的状态字结构如图 2.2.5 所示。

Bit	功能
0	驱动就绪
1	驱动就绪，等待运行
2	驱动正在运行
3	驱动故障
4	OFF2激活
5	OFF3激活
6	激活禁止合闸状态
7	驱动警告激活
8	设定值/实际值偏差
9	PZD控制
10	达到最大频率
11	电机最大电流警告
12	电机保持制动激活
13	电机过载
14	电机顺时针运行
15	变频器过载

（IB57 对应 Bit 0~7，IB56 对应 Bit 8~15）

图 2.2.5　状态字结构

2.3　PP03 报文通信的 MM420 控制 S7 程序

在项目管理器中选中"Blocks"，双击右侧视图中的"OB1"，选择 LAD，进入编程环境。根据 MM420 的控制字结构，编写的简单 MM420 驱动控制 S7 程序如图 2.2.6 所示。

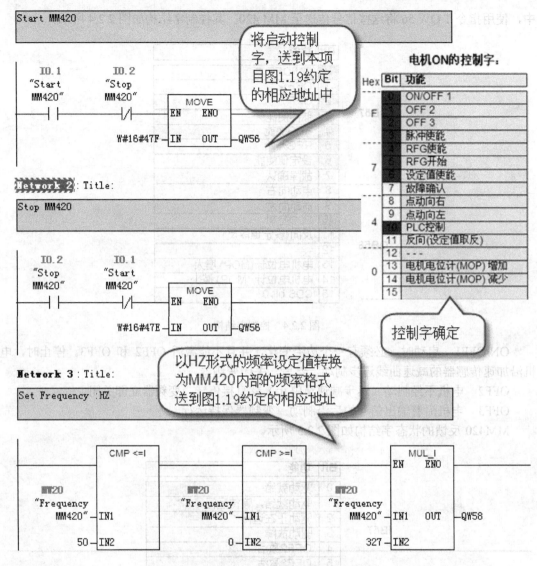

图 2.2.6　简单 MM420 驱动控制 S7 程序

MM420 中很多参数为额定值的百分数。因此给定值有格式要求如表 2.2.2 所示。

表 2.2.2　MM420 变频器运行频率设定值格式对应表

实际值（16 进制）	实际值（10 进制）	实际值/频率	额定负载下实际值/（r/min）
4000	16384	50	1350
3000	12288	37.5	1012.5
2000	8192	25	650
1500	5376	18.75	506.25
1000	4096	12.5	337.5
500	1280	6.25	168.75

MM420 中 16 进制 4000H 对应 50Hz，转化为 10 进制是 16384，每 1Hz 对应的 10 进制数应为 16384÷50=327.68，若频率赋值 10 进制数 a 时：在 S7 程序中将 10 进制数 a×327.68 转换为 16 进制数即为内部要求的频率设定值。程序中做了简化，直接将 1Hz 对应的 10 进制

数对应了 327，因此这样计算有一定误差。若想减小误差，则在程序中应先做实数的运算，最后取整后再转换为 MM420 的内部 16 进制数据。

2.4　PPO1 报文通信的 MM420 控制 S7 程序

2.4.1　MM420 周期性数据通讯的报文

MM420 周期性数据通讯报文有效数据区域由两部分构成，即 PKW 区（参数识别 ID－数值区）和 PZD 区（过程数据），MM420 仅支持 PPO1/PPO3。

本例选择 PPO1，由 4PKW/2PZD 组成。报文格式见图 2.2.7。

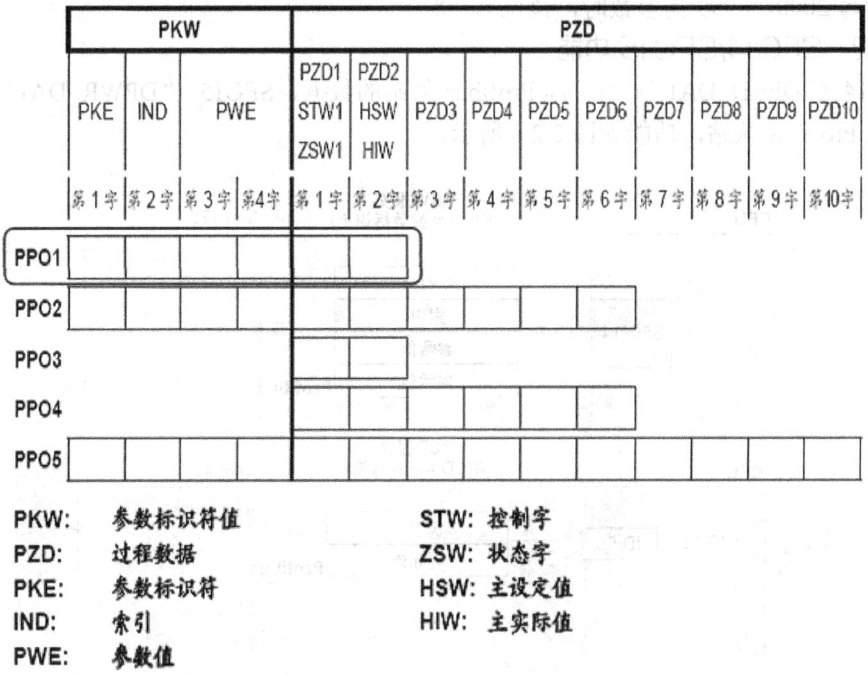

PKW:	参数标识符值	STW:	控制字
PZD:	过程数据	ZSW:	状态字
PKE:	参数标识符	HSW:	主设定值
IND:	索引	HIW:	主实际值
PWE:	参数值		

图 2.2.7　报文格式

对 PKW 区数据的访问是同步通讯，即发一条信息，得到返回值后才能发第二条信息。PKW 一般为 4 个字，定义如下：PKW 区最多占用 4 个字，即 PKE（参数标识符值：占用一个字）、IND（参数的下标：占用一个字）、PWE1 和 PWE2（参数数值：共占用两个字）。S7-300 使用功能块 SFC14/SFC15 读取和修改参数需要占用 4 个 PKW，即调用一次功能块可以修改一个参数。PKW 区的说明见表 2.2.3。下面分别介绍 PKW 区的 4 个字。

表 2.2.3　PKW 区的说明

A：常用值：1、2、3、6、7、8
其中：1：读请求（无数据分组）；2：写请求（无数据分组、单字）；3：写请求（无数据分组、双字）；6：读请求（有数据分组）；7：写请求（有数据分组、单字）；8：写请求（有数据分组、双字）。

PNU：参数号。

当读写 0002～1999 的参数时，直接将数值转换为 16 进制即可；

当读写 2000～3999 参数时，将数值减去 2000 再转换为 16 进制。

B：数据分组编号，常用值：0、1、2

C：参数选择位，常用值：0、8

当读写 0002～1999 的参数时，该位为：0

当读写 2000～3999 的参数时，该位为：8

2.4.2 SFC14/SFC15 功能

SFC14（"DPRD_DAT"）用于读 Profibus 从站的数据，SFC15（"DPWR_DAT"）用于将数据写入 Profibus 从站，功能如图 2.2.8 所示。

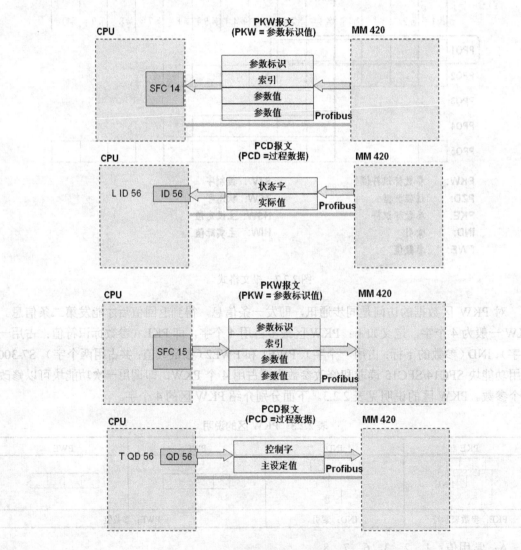

图 2.2.8　SFC14/SFC15 功能示意图

2.4.3 MM420 驱动控制 S7 程序

在编写 PPO1 的控制程序前,先要在项目的 Hwconfig 中将 DP 从站 MM420 与 PLC 的通信报文为修改为 PPO1。修改的方法见任务 1 图 2.1.17,拖入的报文格式应为: 4 PKW, 2 PZD (PPO 1)同时按图 2.1.18 所示方法修改 PPO1 报文的起始地址,例如此处输入输出起始地址均采用默认的 256,以下程序均以默认地址为例。

在 OBI 中调用系统功能 SCF14、SCF15。SFC14("DPRD_DAT")用于读 Profibus 从站的数据,SFC15("DPWR_DAT")用于将数据写入 Profibus 从站。

数据交换采用 DB1 数据块作为其数据交换空间。数据块 DB1 的插入操作是在 STEP7 项目中,打开打开站点下的"Block"块,鼠标选中"Block"块,点击鼠标右键,在弹出的对话框中选择"Insert New Object"插入新对象,沿箭头向右选择,在出现的对话框中鼠标左键选中"Date Block"数据块,其操作过程如图 2.2.9 所示。

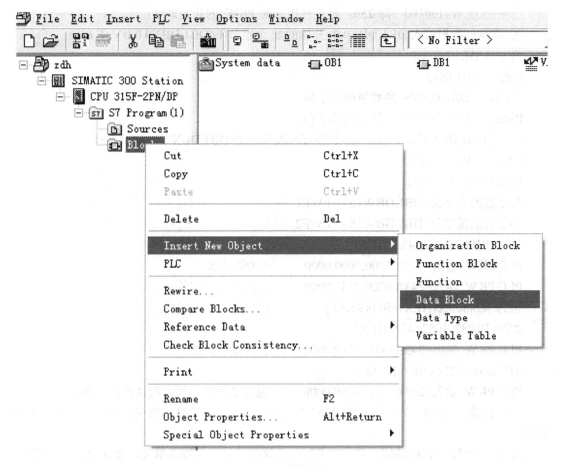

图 2.2.9 插入数据块 DB

鼠标左键点击"Date Block"后,在弹出的数据块属性设置窗口中,按默认名称"DB1" "Shared DB",点击"OK"按钮即可。之后双击 DB1,打开 DB1 编辑视图,进行 DB1 内数据的编辑,编辑完成后即可使用。

参数读写实例如图 2.2.10 所示。

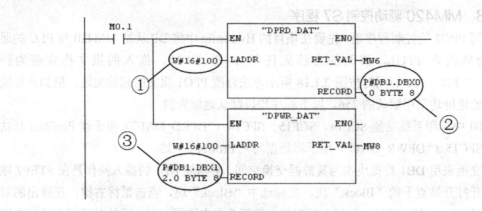

图 2.2.10 SFC14/SFC15 用于 DP 通信

图中：① W#16#100（即 256）是硬件组态时 PKW 的起始地址；

② 将从站数据读入 DB1.DBX0.0 开始的 8 个字节(P#DB1.DBX0.0 BYTE 8)

PKE -> DB1.DBW0

IND -> DB1.DBW2

PWE1 -> DB1.DBW4 参数值的高字位

PWE2 -> DB1.DBW6 参数值的低字位；

③ 将 DB1.DBX12.0 开始的 8 个字节写入从站(P#DB1.DBX20.0 BYTE 8)

DB1.DBW12 -> PKE

DB1.DBW14 -> IND

参数值的高字位 DB1.DBW16 -> PWE1

参数值的低字位 DB1.DBW18 -> PWE2

如读 P1082, 1082=43A(HEX)

PLC PKW 输出=143A,0000,0000,0000   1 为读请求

PLC PKW 输入=243A,0000,4248,0000   返回 2 为双字长。

值为 42480000(HEX)=50.0(REAL)

如写 P1082, 1082=43A(HEX)

PLC PKW 输出=343A,0000,41F0,0000   3 为写双字请求

41F00000(HEX)=30.0(REAL)

PLC PKW 输入=243A,0000,41F0,0000   返回 2 为双字长，确认修改完毕。

编写完基于 PPO1 报文格式的 MM420 参数读写控制程序，用变量表监视状态字与实际值。

注意：PPO1 协议的通信，需要在 PPO3 协议的基础上去修改报文，硬件组态做了修改，所以要重新对 STEP7 项目的硬件组态进行保存编译并重新下载。同时此处程序中用到了 STEP7 的 DB 数据块，因此在下载程序时，一定要将程序用到的 DB 数据块同时下载，否则 CPU 会报错并停机。

2.5 用变量表监视运行结果

在 STEP7 项目下新建变量表。

① 在 S7 管理器中，打开站点下的"Block"块，鼠标选中"Block"块，点击鼠标右键，

在弹出的对话框中选择"Insert New Object"插入新对象，沿箭头向右选择，在出现的对话框中鼠标左键选中"Variable Table"变量表，其操作过程如图 2.2.11 所示。随即弹出如图 2.2.12 所示对话框。

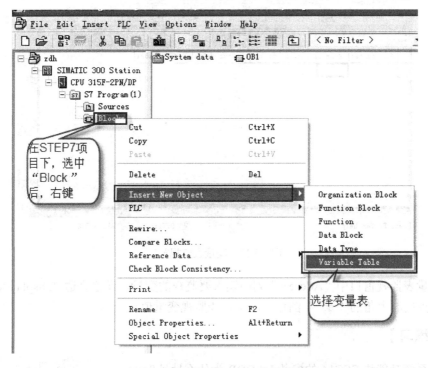

图 2.2.11　STEP7 下建立变量表

② 在图 2.2.12 变量表属性中可输入变量表的"Symbolic Name"符号名及"Symbol Comment"符号注释，也可采用默认的内容。编辑完成后点击"OK"按钮，即新建立了一个变量表。

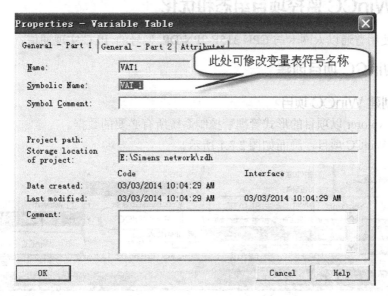

图 2.2.12　变量表属性

135

③ 在 STEP7 项目中，双击变量表图标 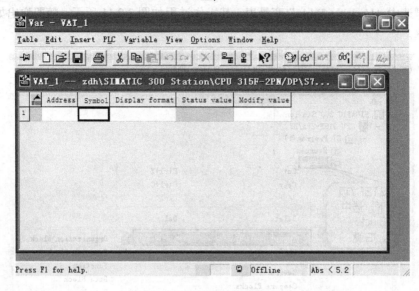 VAT_1，打开变量表窗口如图 2.2.13 所示。

图 2.2.13　变量表监视窗口

在变量表监视窗口中"Address"列中输入要监视的变量，设置合适"Display format"显示格式，点击右上角的"66"图标，即可在线监视变量值。

【思考与练习】

（1）系统功能块 SFC14 的参数 LADDR 为什么地址？

（2）状态字 STW 的位 0 的意义是什么？参数标号 IND 的作用是什么？

（3）MM420 与 S7-300 进行 DP 通信，MM420 正常运行达到设定值后，反馈的状态字是什么？通信正常时，MM420 停止运行后反馈的状态字是什么？

任务 3　WinCC 监控项目组态和优化

WinCC 使用普通以太网卡与 CPU 315F-2PN/DP 型号的 PLC 实现通信。

3.1　WinCC 项目创建

3.1.1　创建 WinCC 项目

WinCC Explorer 以项目的形式管理着控制系统所有必要的数据。

① 启动 WinCC 项目，画面如图 2.3.1 所示。

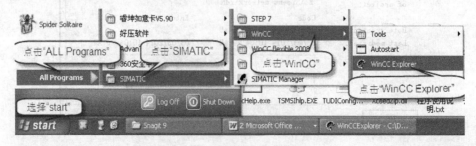

图 2.3.1　启动 WinCC 项目

② 新建一个单用户项目，并输入项目信息。如图 2.3.2 所示。

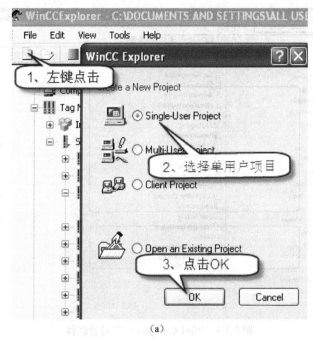

(a)

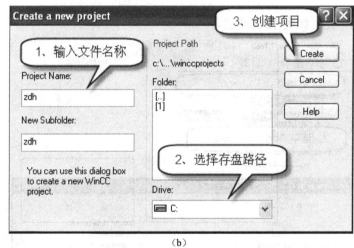

(b)

图 2.3.2　项目信息

打开 WinCC Explorer 项目管理器如图 2.3.3 所示。

3.1.2　变量管理器

变量管理器管理 WinCC 工程中使用的变量和通讯驱动程序，它位于 WinCC 资源管理器的浏览窗口中。WinCC 的变量按照功能可分为外部变量、内部变量、系统变量和脚本变量 4 种类型。

（1）外部变量

对于外部变量，变量管理器需要建立 WinCC 与自动化系统（AS）的连接，即确定通讯驱动程序。通讯由称作通道的专门的驱动程序来控制。WinCC 有针对西门子自动化系统

SIMATIC S5/S7/505 的专用通道以及与制造商无关的通道，如 PROFIBUS-DP 和 OPC 等。

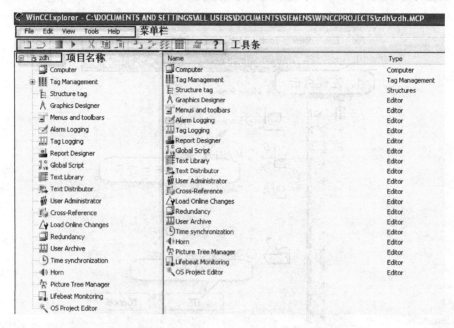

图 2.3.3　WinCC Explorer 项目管理器

① 增加驱动单元，如图 2.3.4 所示。

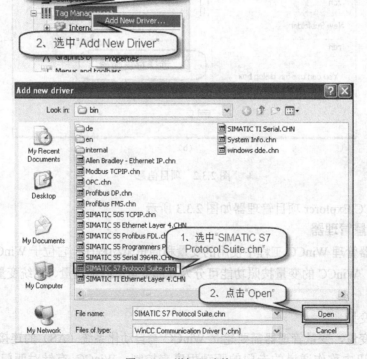

图 2.3.4　增加驱动单元

② 建立握手连接，如图 2.3.5 所示，并设置属性，如图 2.3.6 所示。

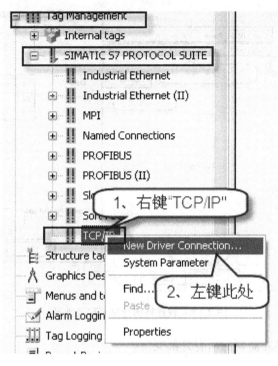

图 2.3.5 建立握手连接

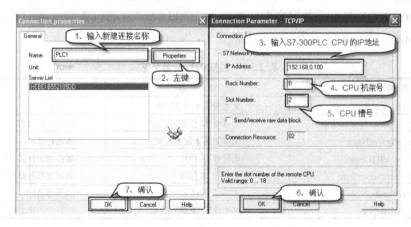

图 2.3.6 设置握手连接属性

③ 新建变量，如图 2.3.7 所示。

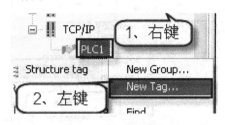

图 2.3.7 新建变量

139

④ 设置外部变量名称及地址，如图 2.3.8 所示。

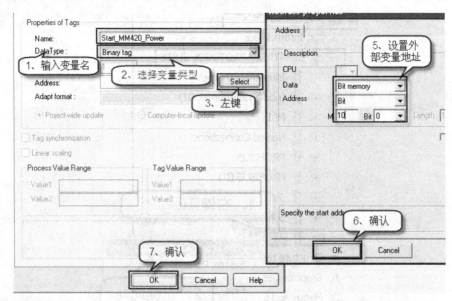

图 2.3.8　设置外部变量名称及地址

按以上步骤分别建立需要的所有外部变量。

（2）内部变量

内部变量是 WinCC 内部使用，不与 PLC 的外界设备进行数据交换。

"Internal Tag" 目录中系统已自带一些定义好的以 "@" 字符开头的变量，称为系统变量，如表 2.3.1 所示。不能删除或重新命名系统变量。

表 2.3.1　系统内部变量列表

变 量 名 称	类 型	含 义
@CurrentUser	文本变量 8 位字符集	用户 ID
@DeltaLoaded	无符号 32 位数	指示下载状态
@LocalMachineName	文本变量 8 位字符集	本地计算机名称
@ConnectedRTClients	无符号 16 位数	连接的运行客户机
@RedundantServerState	无符号 16 位数	显示该服务器的冗余状态
@ServerName	文本变量 16 位字符集	服务器名称
@CurrentUserName	文本变量 16 位字符集	完整的用户名称

建内部变量的方法与建外部变量方法类似，其建立过程如图 2.3.9 所示。

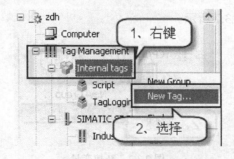

图 2.3.9　建立内部变量

（3）系统信息通道变量

WinCC 的 System Info 通道通讯程序下的 WinCC 变量专门用于记录系统信息。系统信息中的通道功能包括在过程画面中显示时间，通过在脚本中判断系统信息来触发事件，在趋势图中显示 CPU 负载，显示和监控多用户系统中不同服务器上可用的驱动器的空间，并触发消息。

系统信息通道可用的系统信息如下：

日期、时间　以 8 位字符集表示的文本型变量，可用各种不同的表示格式；

年、月、日、星期、时、分、秒、毫秒　16 位无符号数变量，星期也可以 8 位字符集的文本变量来表示；

计数器　有 32 位数，可设置起始值和终止值，这种类型变量按从最小更新周期加 1 计数；

定时器　有 32 位数，可设置起始值和终止值，这种类型变量按每秒加 1 计数；

CPU 负载　32 位浮点数，可显示 CPU 负载时间或空闲时间的百分比；

空闲驱动器空间　32 浮点数，可表示本地硬盘或软盘的可用空间或可用空间百分比；

可用的内存　32 浮点数，可表示空闲的内存量或内存量百分比；

打印机监控　无符号 32 位数，可显示打印机的一些状态信息。

① 建立系统信息通道驱动单元，鼠标选中"Tag Management"变量管理器，鼠标右键，在弹出的对话框中，选择"Add New Driver…"增加驱动单元，弹出如图 2.3.10 所示对话框，选择"System Info.chn"信息通道单元，点击"打开"确认。

图 2.3.10　增加信息通道单元

② 创建系统信息通道变量

鼠标选中新建的信息通道驱动单元"SYSTEM INFO"，鼠标右键，弹出的菜单中选择"New Driver Connection"，新建驱动握手连接。选中新建的握手连接右键，在弹出的菜单中选择"New

Tag"新建通道变量，弹出如图 2.3.11 所示对话框。

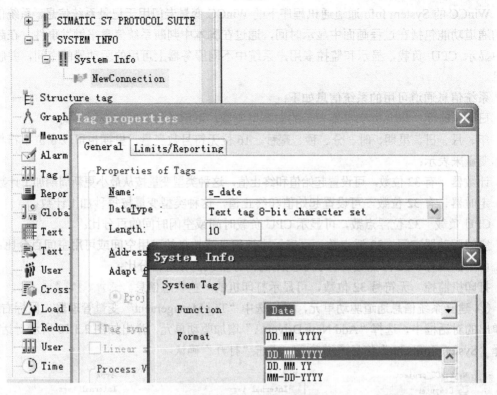

图 2.3.11　新建系统信息通道变量

3.1.3　变量仿真器

（1）内部变量仿真器

WinCC 提供了一个仿真工具"WinCC TAG Simulator"用于内部变量的仿真，单击开始>>SIMATIC>>WinCC>>Tools>>WinCC TAG Simulator 打开内部变量仿真器，如图 2.3.12 所示。

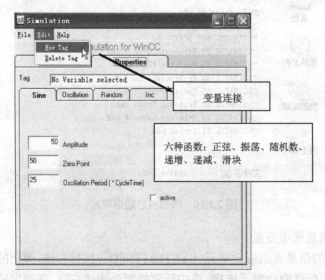

图 2.3.12　内部变量仿真器

（2）外部变量仿真器

外部变量仿真可以使用 STEP 7 的仿真器。

① 启动 STEP 7 的仿真器并修改其通信设置接口，将 PLCSIM 的通信接口修改为 PLCSIM(TCP/IP)，如图 2.3.13 所示。

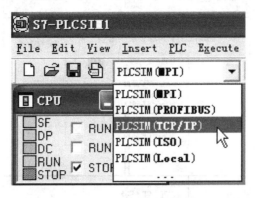

图 2.3.13　修改 PLCSIM 通信接口

② 在 WinCC 中修改"Logic device name"逻辑设备名为：PLCSIM(TCP/IP)仿真 PLC，如图 2.3.14 所示。

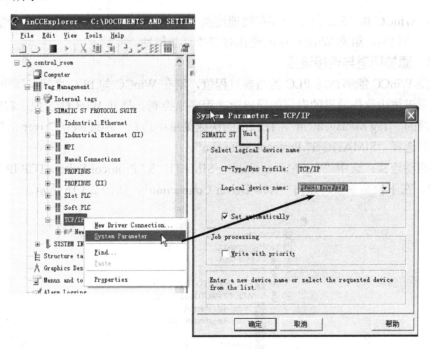

图 2.3.14　修改 WinCC 的逻辑设备名

3.2　WinCC 过程通信

与 WinCC 进行工业通信，也就是通过变量和过程值交换信息。为了采集过程值，WinCC 通过驱动向 AS 发送请求报文。而 AS 则在相应的报文中将所请求的过程值发送回 WinCC。其通信示意图如图 2.3.15 所示。

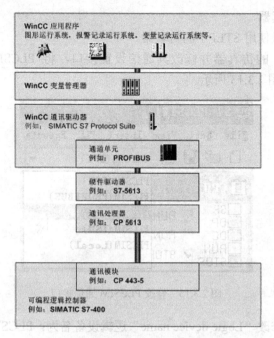

图 2.3.15　WinCC 与 AS 通信示意图

因此，WinCC 和 AS 之间必须存在物理连接。该连接的属性（如传输介质和通讯网络）定义了通信的状态，组态 WinCC 中的通讯时需要这些属性。

3.2.1　添加通道与连接设置

为了使 WinCC 能够访问 PLC 的当前过程值，则在 WinCC 与 PLC 之间必须组态一个通讯连接，通讯将由称作通道的专门的通讯驱动程序来控制。打开 WinCC 工程，右键 WinCC 资源管理器的"Tag Management"，在弹出的快捷菜单中选择"Add New Driver ..."，在弹出的对话框中选择"SIMATIC S7 Protocol Suite.chn"。

添加驱动连接：选中"Tag Management→SIMATIC S7 Protocol Suite→TCP/IP"，右键单击 TCP/IP，在下拉菜单中，点击"New Driver Connection"，如图 2.3.16 所示。

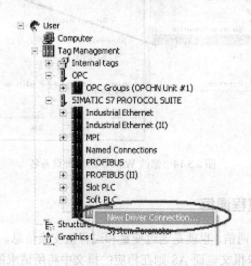

图 2.3.16　增加驱动连接

在弹出的 Connection properties 对话框中点击 Properties 按钮，弹出 Connection parameters-TCP/IP 属性对话框，如图 2.3.17 所示，输入在 STEP7 中已经设置的 PN-IO 或者以太网模块的 IP 地址和机架号和槽号。

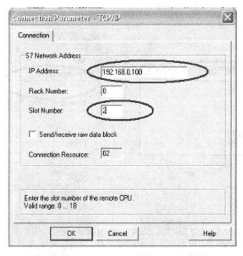

图 2.3.17　连接属性设置

IP Address：（通讯模块的 IP 地址）

Rack Number：CPU 所处机架号，一般填入 0

Slot Number：CPU 所处的槽号

注意：如果是 S7-300 的 PLC，那么 Slot Number 的参数为 2，如果是 S7-400 的 PLC，要根据 STEP7 项目中的 Hardware 软件查看 PLC 的 CPU 插在第几个槽内，如果 CPU 所占槽位多于一个，则输入 CPU 所占的起始槽位地址，不能根据经验和物理安装位置来随便填写。

3.2.2　设置系统参数和 PG/PC 接口参数

选中"Tag Management→SIMATIC S7 Protocol Suite→TCP/IP"，右键单击 TCP/IP，在弹出菜单中，点击"System Parameter"，弹出的 System Parameter-TCP/IP 对话框，选择 Unit 标签，修改 Logic device name 逻辑设备名，如图 2.3.18 所示。默认安装后，逻辑设备名为 CP-TCPIP。

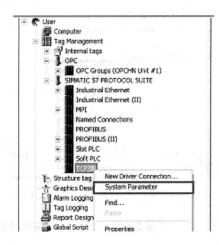

图 2.3.18　系统参数设置

进入操作系统的控制面板，双击 Set PG/PC Interface，默认安装后，在应用程序访问点是没有 CP-TCPIP 的，所以需手动添加这个应用程序访问点，如图 2.3.19 所示。

当选中<Add/Delete>后，会弹出如图 2.3.20 所示对话框，增加接点。

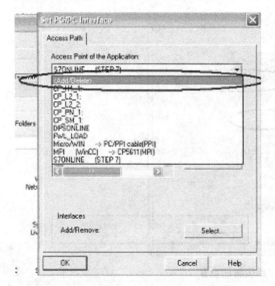 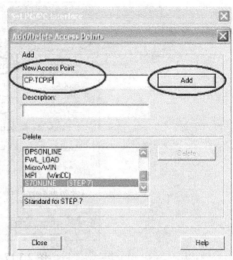

图 2.3.19　设置 PG/PC 接口　　　　　　　　　　图 2.3.20　添加节点

点击 Add 按钮，应用程序访问点将被添加到访问点列表中，在列表中按下三角选择要访问的实际节点，如图 2.3.21 所示。

在 Interface Parameter Assignment Used 下，选择 TCP/IP->实际网卡的名称，设置好后，如图 2.3.22 所示。

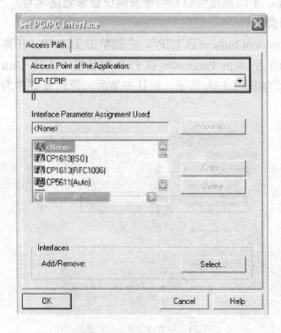 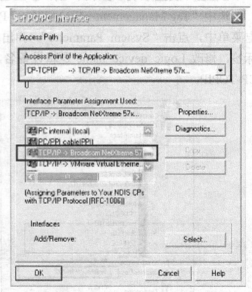

图 2.3.21　选择实际节点　　　　　　　　　　图 2.3.22　节点名指向实际网卡

注意：如果网卡不同，显示会有不同，请确保所选条目为正在使用的普通以太网卡的名称。

3.2.3 连接测试与通信诊断

（1）WinCC Channel Diagnose

通过 WinCC 工具的通道诊断程序 WinCC Channel Diagnose，即可测试通信是否建立。根据图 2.3.23 所示位置，进入通道诊断工具，检测通信是否成功建立。如图所示，绿色的"√"表示通信已经成功建立，否则会出现红色的"×"并给出错误代码。通道诊断信息如图 2.3.23 所示。

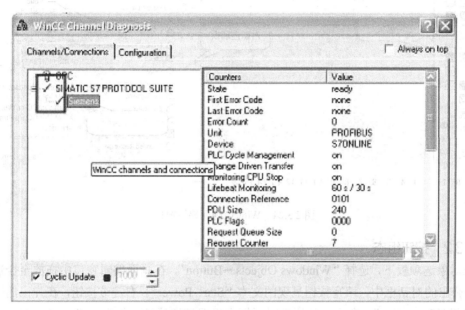

图 2.3.23 通道诊断信息

（2）利用 WinCC 的 Status of Driver Connections

选中 WinCC Explorer 的"Tools→Status of Driver Connections"则会弹出 WinCC 中所创建连接的状态信息。

（3）使用日志文件进行连接诊断

Siemens\WinCC\Diagnose\SIMATIC_S7_PROTOCOL_SUITE_01.LOG 日志文件，该日志文件记录了日期、时间以及错误代码。在线帮助提供了错误代码的必要参考（错误原因）。

（4）通过质量代码

在 WinCC 运行系统，如果在 Tag Management 中将鼠标指针指向某个变量，就会出现一个质量代码，质量代码为 80（16#4C），表示连接正常。

注意：以上几种测试方法均要求 PLC 处于运行状态，WinCC 项目激活运行。

3.3 监控画面组态

3.3.1 图形编辑器的建立、打开与保存

通过"File→Save as"选择存储路径和存储的文件名。注意画面文件存储在"项目名→

GraCS"文件夹下。本画面文件存储的文件名为"MM420.PDL"。WinCC 画面编辑窗口如图 2.3.24 所示。

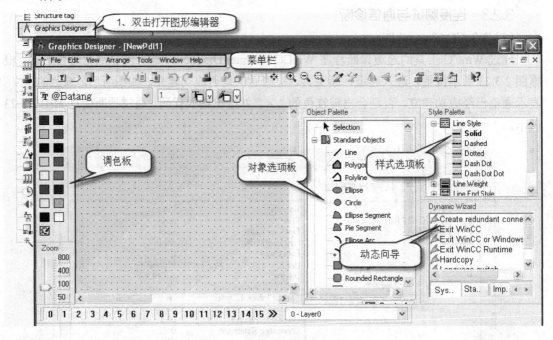

图 2.3.24　WinCC 画面编辑窗口

3.3.2　按钮组态

在对象选项板下，选择"Windows Objects→Button"，在画面编辑窗口中拖放至合适的尺寸。在弹出的对话框中，填写按钮显现的文本"Start_Power"。右键该按钮，在弹出的快捷菜单中选择"Properties"，在弹出的属性对话框中设置按钮属性。按下左键，相应变量置位，设置如图 2.3.25 所示。

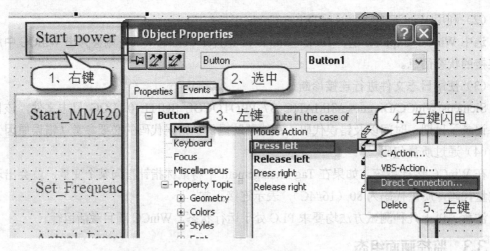

图 2.3.25　按钮事件组态

选择"Direct Connection"弹出的对话框中进行变量连接相应设置，如图 2.3.26 所示。

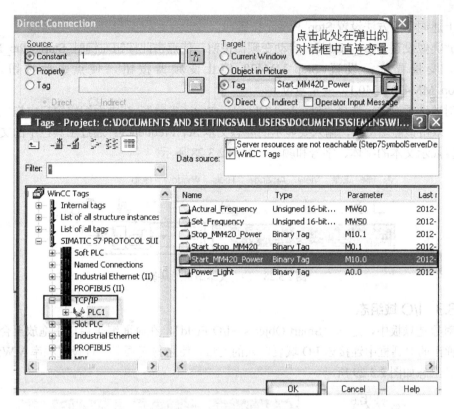

图 2.3.26　按钮变量直接连接

释放左键，相应变量复位的设置如图 2.3.27 所示。

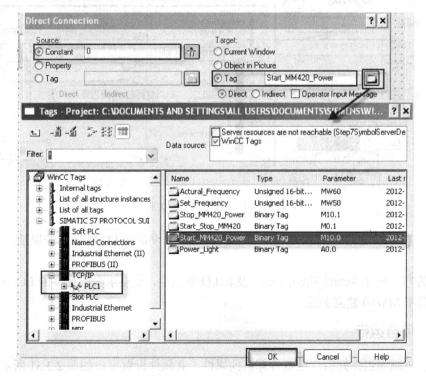

图 2.3.27　按钮释放左键组态

按上述同样的方法设置 Stop_Power 按钮。

与此类似设置 Start_MM420 启动变频器按钮，使点击此按钮左键时 Start_Stop_MM420（M0.1）变量置位；设置 Stop_MM420 停止变频器按钮，使点击此按钮左键时 Start_Stop_MM420（M0.1）变量复位。

在对象选项板中，选择"Standard Objects→Static Text"，在画面编辑窗口中拖放至合适的尺寸。双击该静态文本，输入要显示的静态文本 Set_Frequency；通过工具栏中的文本设置工具设置显示文本的字体、字号和颜色，如图 2.3.28 所示。

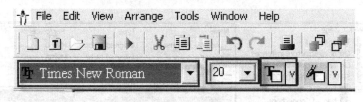

图 2.3.28　静态文本编辑工具条

3.3.3　I/O 域组态

在对象选项板中，选择"Smart Objects→I/O Field"，在画面编辑窗口中拖放至合适的尺寸。在弹出的对话框中连接该 I/O 域要输入的变量，使之与变频器运行设置频率 MW50 建立关联。其组态如图 2.3.29 所示。

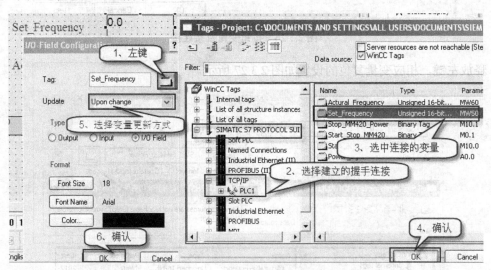

图 2.3.29　I/O 域与变量关联

右键该 I/O 域，选择"Properties"，在弹出的对话框中设置该 I/O 域的相关属性，如图 2.3.30 所示。

同样的方法设置 Actual_Frequency，及其 I/O 域属性。使显示实际频率的 I/O 域与变频器实际运行频率 MW60 建立关联。

3.4　项目运行

运行监控画面组态好后，设置计算机的属性，其属性设置窗口如图 2.3.31 所示。

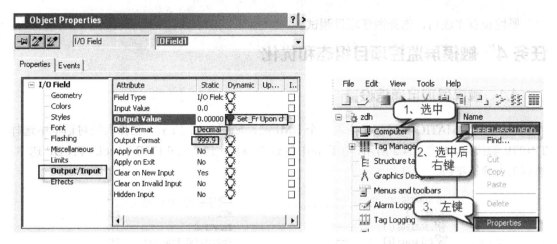

图 2.3.30　I/O 域属性设置　　　　　　图 2.3.31　打开 WinCC 中计算机属性

打开的计算机属性窗口中，选中"Graphics Runtime"画面运行属性，设置启动画面及画面窗口属性，如图 2.3.32 所示。

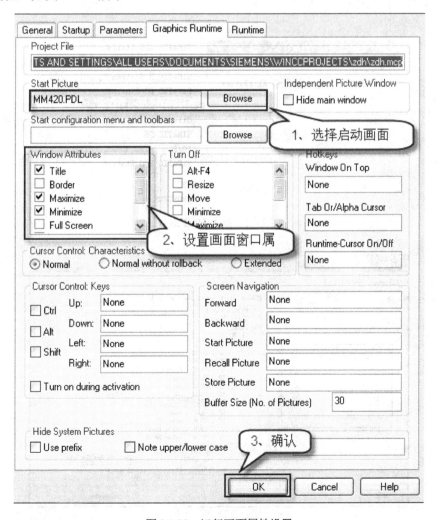

图 2.3.32　运行画面属性设置

属性设置完成后，选择激活项目测试。

任务 4　触摸屏监控项目组态和优化

4.1　触摸屏项目通信设置

① 打开 SIMATIC Manager 插入一个 HMI 站，如图 2.4.1 所示。在弹出的对话框中选择 TP177B 触摸屏，如图 2.4.2 所示，在列表中找到 Panels > 170 > TP 177B 6" color PN/DP 选中，然后单击确认按钮。

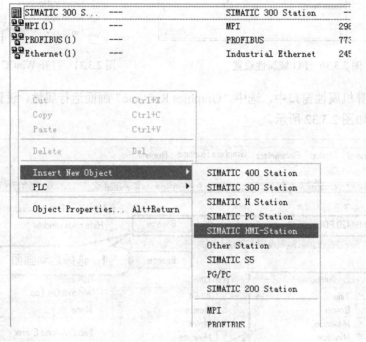

图 2.4.1　插入 HMI 站点

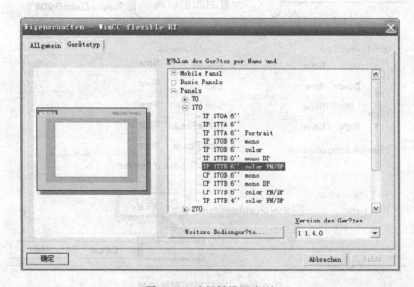

图 2.4.2　选择触摸屏类型

② 插入 TP177B 后 SIMATIC Manager 中就增加了一个 HMI 站，如图 2.4.3 所示。站名更改为 TP177B。

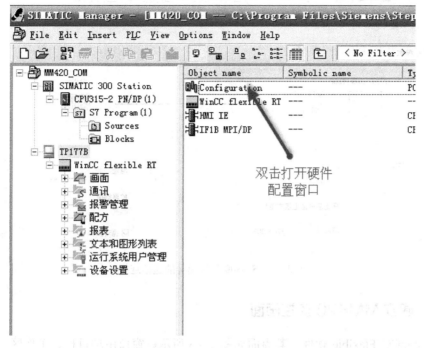

图 2.4.3　增加 TP177B 站点

③ 双击 Configuration 配置，打开硬件编辑器，如图 2.4.4 所示。双击 HMI IE 打开网络属性对话框，将 TP177B 的 IP 地址设为 192.168.0.11，并加入以太网网段 Ethernet(1)，这样就完成了触摸屏与 PLC 之间的通讯连接设置。

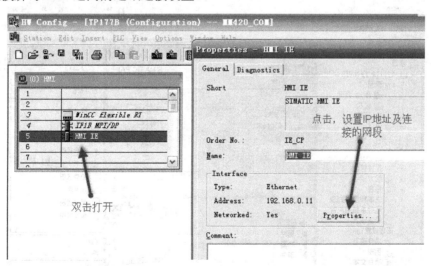

图 2.4.4　设置触摸屏 IP 地址

返回到 SIMATIC Manager，从浏览栏中找到 WinCC flexible RT >通讯>连接，在工作区双击连接打开 WinCC flexible，就可以看到已组态好触摸屏与 PLC 的连接，如图 2.4.5 所示。

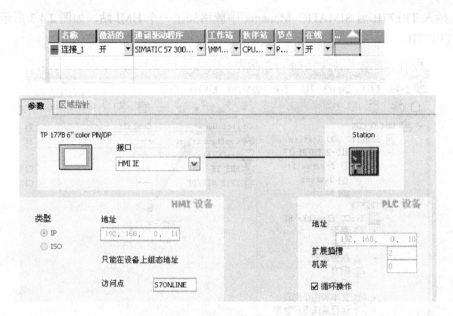

图 2.4.5　S7-300 与触摸屏的通信连接

4.2　建立 MM420 监控画面

打开 WinCC Flexible 软件，其界面如图 2.4.6 所示。窗口由项目栏、工作区、属性栏和工具栏 4 部分组成，在项目栏选定的选项将在工作区域内显示，工作区内选定的项其属性在属性栏显示，可以工具栏中选择组态对象添加到工作区。

图 2.4.6　WinCC Flexible 界面

（1）定义画面_1 的背景色

在项目栏中选择 画面>画面_1，编辑画面_1。在属性栏常规选项中将背景色设定为浅蓝色，如图 2.4.7 所示。

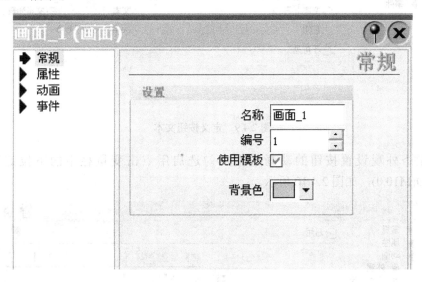

图 2.4.7 修改画面背景色

（2）添加画面标题

从工作区简单对象中找到文本域，用鼠标拖动到工作区画面_1 中，如图 2.4.8 所示。在属性栏常规项中输入文字"MM420 监控画面"，在属性项>外观中定义文本颜色为红色，属性项>文本中定义字体为宋体 18pt，然后将文本域摆放在画面的中上部。

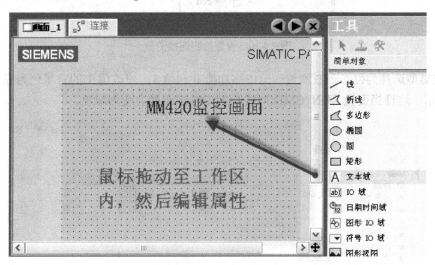

图 2.4.8 添加画面标题

（3）增加按钮用于控制 MM420

从工具栏简单对象中找到按钮，用鼠标拖动到画面_1 中。定义按钮属性，常规中定义按钮模式为文本，在文本中输入文字"启动"，如图 2.4.9 所示。

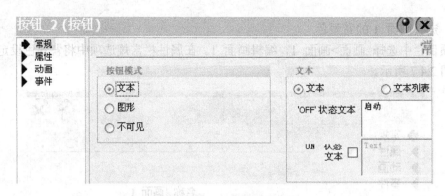

图 2.4.9　定义按钮文本

从动画>外观设置按钮的动画效果，勾选启用点击变量栏中的下拉键选择变量 RUN_CMD(M10.0)，如图 2.4.10 所示。

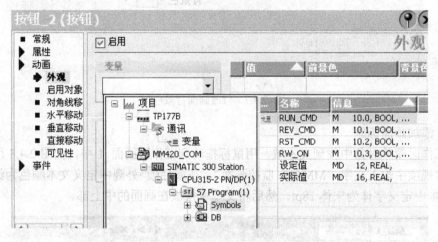

图 2.4.10　设置按钮连接变量

数据类型选择为位，在右侧值一览中添加值 0 和值 1，更改值 1 的背景色为绿色，如图 2.4.11 所示，这样当变量 RUN_CMD(M10.0)为 1 时按钮就会变为绿色。

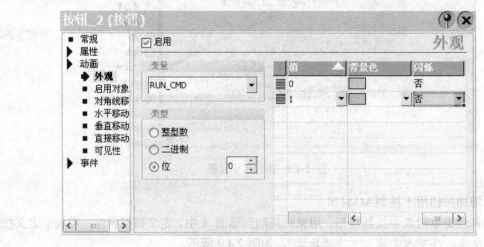

图 2.4.11　设置按钮状态颜色

下面添加启动按钮的动作，在事件>按下中添加一个函数 SetBit，如图 2.4.12 所示，选择变量为 M10.0。这样当按下启动按钮时变量 M10.0 就置为 1，按钮的背景色变为绿色。

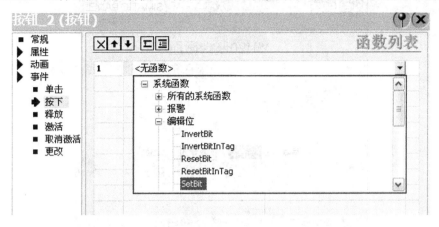

图 2.4.12　添加按钮事件

按启动按钮的步骤添加停止按钮，停止按钮与启动按钮组态的变量是相同的，在外观中将值为 0 时的背景色定义为红色，事件更改按下动作的函数为 ResetBit。当按下停止按钮时变量 M10.0 复位，停止按钮变为红色。

添加方向按钮，方向按钮采用文本列表，先新建 1 个文本列表'正反转'，所示，名称为正反转，范围为位（0,1），列表条目如图值为 1 时正转，值为 0 时反转。选择变量 REV_CMD（M10.1），如图 2.4.13 所示。组态动画外观，变量选择 REV_CMD（M10.1），类型位，值为 0 时背景色为绿色值为 1 时背景色为天蓝色。组态事件按下，选择函数 InvertBit，选择变量 REV_CMD（M10.1）。每按一次方向按钮，变量 REV_CMD（M10.1）就翻转。当按钮显示正转绿色背景时，按一下按钮就变为反转天蓝色背景。

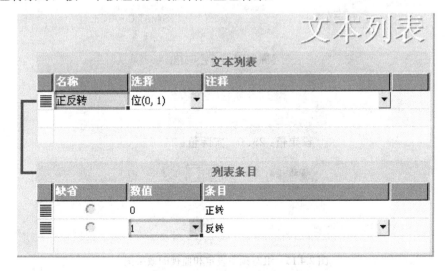

图 2.4.13　组态文本列表

添加复位按钮，复位按钮与启动按钮组态方法相同，指示复位按钮的多了一个事件释放。复位按钮选择的变量为 RST_CMD(M10.2)，外观值为 1 时背景色为绿色。事件按下函数为

SetBit，事件释放函数为 ResetBit。按钮组态完成后的效果如图 2.4.14 所示。

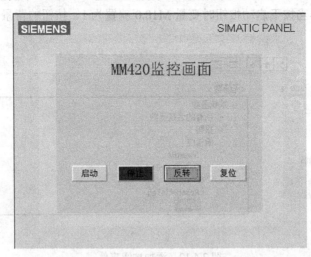

图 2.4.14　监控界面效果图

（4）添加 IO 域用于频率设定和监视

先添加一个文本域，输入文字'设定值'，字体定义为宋体 14pt 粗体。然后添加一个 IO 域，在常规属性中模式选择'输入/输出'，变量选择设定值（MD12）格式 10 进制，格式样式为 99.9；字体定义为宋体 14pt 粗体。将文本域和 IO 域水平对齐调整位置到启动和停止按钮的上面，就组态好了设定值。

同样的方法组态实际值，实际值的 IO 域模式组态为'输出'，变量选择实际值（MD16）格式 10 进制，格式样式为 99.9，字体与设定值相同，文本颜色定义为红色。添加完成后的效果如图 2.4.15 所示。

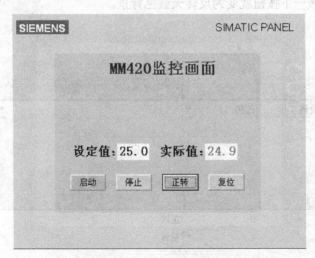

图 2.4.15　组态频率设定和监视的效果图

（5）添加图形元素

通过添加图形元素，可以使画面变得美观实用方便操作。从工具栏增强对象中找到符号库，用鼠标拖入画面_1。拖入后是一个泵的图形，通过常规属性，类别选择'电动机'，从右侧的窗口中选择电动机 16，如图 2.4.16 所示。属性>外观>样式>填充颜色模式设置为阴影图。动画>外观启用，变量选择 DP_COM.ZSW_R（DB1.DBW16），类型选择位 2，值为 0 定义前景色为灰色值为 1 定义为绿色。电机就添加完成了，当变频器运行时，电机就会变为绿色。

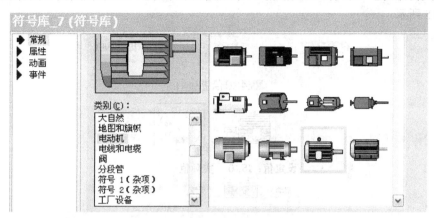

图 2.4.16　添加电机

同样的方法添加一个警告标志，当变频器故障时该标志就会出现，电机图形被遮盖，通过闪烁来提醒操作者 MM420 有故障。在类别选择'安全设备'，选择'小的警告符号'；属性>闪烁中，闪烁选择'标准'颜色选择黄色；动画>可见性启用，变量选择 DP_COM.ZSW_R（DB1.DBW16），类型选择位 3，对象状态选择可见。图形大小比电机图形略大，位置在电机图形上方，如图 2.4.17 所示。

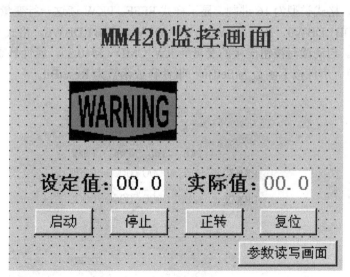

图 2.4.17　添加警告标志

（6）添加量表

在工具栏增强对象中找到量表，用鼠标拖动到画面_1。下面设置量的属性。在常规中找到标签输入框，输入文字'频率'，变量连接为实际值（MD16）。在属性外观中将指针颜色设置为红色，布局中将量表的大小设置为 88x88 ，在刻度属性中最大值设定为 50，角度 30；最小值设定为 0，角度−210。这样量表就添加完成了，通过量表操作员可以直观的 MM420

的输出频率。

新建一个画面_2，用于参数读写。在画面_1的右下方添加一个按钮用于切换到参数读写画面，事件按下选择函数 ActivateScreen（画面_2）。这样 MM420 监控画面就完成了，效果如图 2.4.18 所示。

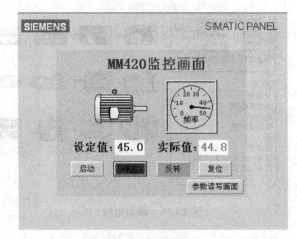

图 2.4.18　添加参数读写画面切换按钮

（7）建立参数读写画面

组态参数读写画面与监控画面的组态类似，过程就不再赘述，效果如图 2.4.19 所示。PKW写这一行变量都为'输入/输出'格式，变量依次为 DB1.DBW8，DB1.DBW10，DB1.DBW12，DB1.DBW14，格式类型为 16 进制，显示样式 FFFF。PKW 读这一行变量都为'输出'格式，变量依次为 DB1.DBW0，DB1.DBW2，DB1.DBW4，DB1.DBW6，格式类型为 16 进制，显示样式 FFFF。启动读写按钮连接的变量为 RW_CMD（M10.3），属性外观启用，值 1 的背景色定义为绿色。事件按下函数为 SetBit，事件释放函数为 ResetBit。

图 2.4.19　参数读写监控画面

【思考与练习】

（1）触摸屏与 S7-300 进行 TCP/IP 通信需要哪些设置？

（2）触摸屏的内部变量和外部变量有什么区别？

参考文献

[1] 李骁. 生产过程自动化仪表识图与安装. 北京：电子工业出版社，2006.

[2] 任丽静，周哲民. 集散控制系统组态调试与维护. 北京：化学工业出版社，2010.

[3] 常慧玲. 集散控制系统应用. 北京：化学工业出版社，2009.

[4] 申忠宇. 基于网络的新型集散控制系统. 北京：化学工业出版社，2009.

[5] 马昕，张贝克. 深入浅出过程控制. 北京：高等教育出版社，2013.

[6] 廖常初. 西门子工业通信网络组态编程与故障诊断. 北京：机械工业出版社，2009.

[7] 张德全. 集散控制系统原理及其应用. 北京：电子工业出版社，2007.

[8] 崔坚. 西门子工业网络通信指南. 北京：机械工业出版社，2009.

[9] 秦益霖. 西门子 S7-300 PLC 应用技术. 北京：电子工业出版社，2012.

[10] 韩兵. 集散控制系统应用技术. 北京：化学工业出版社，2011.

[11] 张湘. 分布式网络控制系统若干控制问题研究. 西南交通大学博士论文，2008.

[12] 刘秦男. PROFIBUS-DP 二类主站的设计与实现. 华东理工大学研究生论文，2012.

[13] 张帧. DCS 与现场总线综述[J]. 电气自动化，2013（1）.

[14] 江豪. 基于 PROFIBUS 的 FCS 故障诊断方法研究[J]. 自动化仪表，2013（11）.